Aude Bernheim et Flora Vincent

L'intelligence artificielle, pas sans elles !

Faire de l'IA un levier pour l'égalité

Belin

Collection publiée en partenariat
avec le Laboratoire de l'Égalité (voir p. 94),
sous la direction de Annie Batlle et Arnaud Bihel

Dans la même collection

Annie Batlle, *Les femmes valent-elles moins cher que les hommes ?*, 2014

Thierry Benoit, *Vies de femmes, vies précaires*, 2016

Arnaud Bihel, *À la télévision, les hommes parlent, les femmes écoutent !*, 2014

Patrick Boccard, *« Les femmes ne sont pas faites pour courir »*, 2015

Isabelle Collet, *L'école apprend-elle l'égalité des sexes ?*, 2016

Marlène Coulomb-Gully, *Femmes en politique, en finir avec les seconds rôles*, 2016

Christine Détrez, *Les femmes peuvent-elles être de grands hommes ?*, 2016

François Fatoux, *Et si on en finissait avec la ménagère ?*, 2014

Brigitte Grésy, *Le sexisme au travail, fin de la loi du silence ?*, 2017

Patric Jean, *Les hommes veulent-ils l'égalité ?*, 2015

Yves Raibaud, *La ville faite par et pour les hommes*, 2015

Brigitte Rollet, *Femmes et cinéma, sois belle et tais-toi !*, 2017

Muriel Salle et Catherine Vidal, *Femmes et santé, encore une affaire d'hommes ?*, 2017

Catherine Vidal, *Nos cerveaux tous pareils, tous différents !*, 2015

Françoise Vouillot, *Les métiers ont-ils un sexe ?*, 2014

Retrouvez tous nos titres sur le site www.belin-editeur.com

170 bis, bd du Montparnasse, 75680 Paris cedex 14
ISSN 2273-788X ISBN 978-2-410-01555-3

SOMMAIRE

Préface de Cédric Villani 5

Avant-propos 7
Société algorithmique, fabrique d'inégalités sexistes

1. L'égalité des sexes dans l'informatique et l'IA : un constat d'échec 11
L'IA se décline au masculin

2. Où sont passées les femmes ? 25
Il y a un avant... et un après

3. Apprentissage sous influence 37
Comment les algorithmes deviennent machistes

4. Domestiquer les algorithmes 47
Pour une intelligence artificielle responsable

5. Objectif égalité 61
Dans le monde de l'IA, rien n'est impossible

Conclusion 77
Pour des algorithmes biaisés... en faveur de l'égalité !

Notes bibliographiques 82
Sitothèque 84
Dates clés 86
Chiffres clés 88
Quiz 90

Préface de Cédric Villani

« Où sont les femmes ?! »

Que ce soit sous cette forme, en clin d'œil à la chanson de Patrick Juvet, ou sous une autre, que de fois je me suis retrouvé confronté à cette interrogation.

Si nombreuses dans ma terminale scientifique, les filles ont disparu comme par enchantement après le baccalauréat... et elles ne sont jamais revenues, ni dans ma promotion de mathématique à l'École normale supérieure, ni dans la salle informatique commune, ni parmi mes élèves de l'ENS Lyon, ni parmi les invités qui fréquentaient l'Institut Henri Poincaré.

Et bien plus tard, dans ma mission parlementaire sur l'intelligence artificielle, quand je me suis plongé dans les arcanes de ce monde au confluent entre statistique, algorithmique, science des données, calcul haute performance, entreprise et débrouille, le constat était le même : à grand-peine 15 % de femmes, peu ou prou.

Pourtant nous avons connu des femmes au sommet de l'Olympe mathématico-informatique, si brillantes ; mais la liste est si brève qu'on peut les identifier par leur prénom – Émilie, Sophie, Sofia, Ada, Grace, Emmy, Maryam...

Aujourd'hui les femmes sont largement absentes de l'IA, et cela a de calamiteuses conséquences sur la quantité de talents, sur les ambiances de travail, sur la créativité. Mais ce biais de sous-représentation fait aussi courir un risque à l'objectivité des solutions algorithmiques modernes.

Et surtout, cela entretient l'insupportable malentendu selon lequel les hommes seraient les seuls à pouvoir créer le monde de demain ! Les quelques vaillantes héroïnes de légende ne suffisent pas à renverser la vapeur. Pour lutter contre l'inacceptable, il faudra solliciter et accompagner, avec volontarisme et détermination.

Plusieurs auteurs ont déjà dénoncé avec force cette faille béante dans notre société innovante ; mon propre rapport parlementaire y consacrait l'essentiel d'un chapitre sur l'inclusion.

Mais Aude Bernheim et Flora Vincent voient plus loin et plus large dans l'analyse. Elles nous proposent un document de référence de grande qualité. Il nous permettra de mieux comprendre et de mieux lutter contre ce qui est un fléau de société, un mal pour nous tous. Et d'agir pour que, dans ce sujet emblématique qu'est l'IA, nos filles et nos petites-filles soient représentées à proportion de leur grande valeur.

Cédric Villani

Mathématicien, député de l'Essonne,
auteur du rapport parlementaire
Donner un sens à l'Intelligence Artificielle

Avant-propos

> *« Toute technologie a le potentiel d'être dangereuse. »*
>
> Raymond Kurzweil,
> futuriste chez Google

Évoquer la connexion entre l'intelligence artificielle (IA) et les femmes : voilà qui peut surprendre. À priori, quel rapport entre des algorithmes, ces séries d'instructions fournies aux machines pour effectuer des tâches, et des êtres humains – plus particulièrement les femmes ? Quel rapport entre une technologie en train de révolutionner la société et les humaines qui en constituent la moitié ?

On pouvait espérer que les algorithmes à la base de l'IA seraient objectifs et égalitaires par définition, les technologies n'ayant pas d'âme ni d'opinion ; qu'ils garantiraient une neutralité parfaite entre les sexes. C'est oublier que les algorithmes sont codés par des humains, et que l'intelligence artificielle et ses nombreuses applications reflètent les systèmes de représentation de leurs concepteurs. Elles reproduisent nos préjugés, dont les stéréotypes sexistes qui sont toujours présents dans notre société, et perpétuent les discriminations entre les femmes et les hommes.

L'absence des femmes dans le secteur de l'IA est criante. Pourtant, des femmes telles Ada Lovelace furent des pionnières de la programmation au XIXe siècle, et elles restèrent longtemps influentes dans les métiers de l'informatique. Elles y sont aujourd'hui minoritaires, et souvent reléguées aux seconds rôles. Cette absence est d'autant plus frappante que les femmes n'ont plus à prouver leurs réussites universitaires, ni leur professionnalisme.

ZOOM

Les algorithmes sont partout : dans une machine à café, dans un distributeur automatique, dans nos voitures, dans les réponses fournies à nos requêtes sur internet…

Pourquoi est-il urgent de s'intéresser à l'IA ? Celle-ci est en train de transformer les modes de production, de consommation, de gestion et de décision ; elle fait déjà partie de notre quotidien. Nous n'en sommes pas tous conscients, car l'intelligence artificielle reste pour les non-initiés un concept assez flou, tout comme les algorithmes sur lesquels elle s'appuie. En 2017, d'après la Commission nationale de l'informatique et des libertés, 83 % des Français et des Françaises avaient entendu parler des algorithmes, mais seulement 52 % d'entre eux savaient ce que c'est…

Or l'IA intervient comme aide à la décision dans de multiples domaines : dans l'éducation, où elle sert notamment à trier les dossiers des candidats·es à l'admission dans un établissement ; la justice, où elle peut décider de la libération ou non d'un prisonnier ; la santé, où elle aide à poser des diagnostics cruciaux ; et encore la sécurité, la défense, le tourisme, les télécommunications, les transports, l'environnement, la robotique, le secteur bancaire, la relation client, le marketing… On imagine aisément que les risques d'une intelligence artificielle inégalitaire sont nombreux. Des algorithmes mal calibrés pénalisent certaines populations par rapport à d'autres ; ils feront par exemple refuser l'octroi d'un prêt par une banque, ou l'attribution d'un logement social ; ou encore écarteront une candidature pour un poste de travail … La question de l'égalité et de l'équité des solutions automatiques proposées par l'IA est donc cruciale.

En quoi la technologie elle-même, ses choix et ses résultats sont-ils imprégnés de biais sexistes ? Comment expliquer l'absence des femmes dans le secteur ? Par quels mécanismes des algorithmes deviennent-ils machistes ? Quelles mesures prendre pour assurer que les solutions automatiques soient équitables pour toutes et pour tous ? À qui revient le rôle de veiller à cette équité ? Cet ouvrage tente de répondre à ces questions. Il montre aussi que les solutions existent, et que l'IA elle-même peut être mise au service de l'égalité.

CHAPITRE I

L'égalité des sexes dans l'informatique et l'IA : un constat d'échec

« La désertification de nos amphis et la politique volontariste de quotas féminins sont de criants et vains témoignages de la désaffection des filles pour nos filières. »

Florence Sedes, professeure d'informatique à l'université de Toulouse, et chercheuse à l'IRIT

Voitures autonomes, diagnostics médicaux par ordinateur, création automatique d'articles de presse, d'œuvres culturelles... En termes de prouesses technologiques, l'intelligence artificielle ou IA – c'est-à-dire l'ensemble des théories et des techniques mises en œuvre en vue de réaliser des machines capables de simuler l'intelligence – est l'icône de la modernité. Au contraire, sur le terrain de l'égalité entre les femmes et les hommes, elle est plutôt archaïque...

L'intelligence artificielle, une révolution technologique

Les chercheurs du domaine de l'IA poursuivent un objectif ambitieux : construire une forme d'intelligence non humaine, capable de résoudre les problèmes à notre place. Grâce à des approches inspirées par le fonctionnement du cerveau humain, les machines apprennent à reconnaître et à prédire des tendances, des formes ou des modèles à partir de données fournies au préalable. Si l'intelligence artificielle fait tant de bruit aujourd'hui, c'est que le phénomène du *big data* a pris une ampleur inouïe pendant la dernière décennie : une masse de données numériques est produite chaque jour via les moteurs de recherche, les réseaux sociaux, les objets connectés, les entreprises, les laboratoires scientifiques, etc. Cette abondance (voire surabondance) de données a stimulé les recherches sur l'intelligence artificielle – recherches qui bénéficient simultanément de la puissance de calcul croissante des ordinateurs.

ZOOM

La définition de l'IA est à géométrie variable, car elle dépend du sens que l'on accorde au mot « intelligence » ; elle a en outre évolué dans le temps au fur et à mesure des progrès technologiques. Ainsi, l'IA désigne plus un ensemble de théories, technologies et outils qu'un champ de recherches défini.

Les IA résolvent moult problèmes grâce aux outils mathématiques que sont les algorithmes. Nous-mêmes, nous passons notre temps à appliquer des algorithmes ; quand nous suivons les instructions d'une recette de cuisine, quand nous cherchons une solution rationnelle qui prend en compte différents paramètres, etc. Un algorithme détaille les tâches à effectuer par une suite d'instructions élémentaires et d'opérations logiques. Et pour que l'ordinateur puisse l'implémenter, un développeur ou une développeuse traduit les instructions numériques dans un langage de programmation (tel que C++, Fortran, Java, PHP) : bienvenue au « code source », le code qu'exécute l'ordinateur pour résoudre le problème à votre place !

Bien sûr tout algorithme n'est pas IA, tandis que toute IA repose sur des algorithmes. Le propre de l'IA résiderait dans la capacité des algorithmes à apprendre, à s'auto-améliorer, à s'adapter ou encore à réaliser des opérations cognitives comparables à celles de l'être humain comme analyser l'environnement, résoudre des problèmes, planifier et prendre des décisions.

Les multiples applications de l'IA

Dans l'imaginaire populaire, on associe volontiers les IA à leur capacité à imiter un humain, par exemple en dialoguant avec lui (c'est le propos du test imaginé par Alan Turing en 1950), ou encore à leur faculté de « s'incarner » dans des robots. Historiquement, les premières tentatives se sont plutôt attaquées à la création d'un programme capable de battre un humain à des jeux – un problème a priori simple, ces derniers obéissant à des règles mathématiques strictes. Aujourd'hui, les IA excellent dans bien d'autres domaines.

ZOOM
Le test de Turing consiste à faire dialoguer un humain avec différents interlocuteurs dont une machine. Si l'humain n'est pas capable de détecter qu'il converse avec cette dernière, la machine a réussi le test.

Elles traitent des milliers, voire des milliards d'images ou de vidéos pour résoudre des problèmes de classification, tels que la reconnaissance de visages et l'identification de tumeurs cancéreuses. Elles effectuent des calculs statistiques complexes à partir de grands volumes de données afin d'émettre des prédictions (le logiciel PredPol, aujourd'hui exploité par 60 polices municipales aux États-Unis, prédit ainsi les occurrences des prochains délits). À partir des données fournies par les utilisateurs, les IA sont capables de recommander un produit de façon personnalisée, depuis les films sur Netflix aux messages politiques sur les réseaux sociaux. Elles produisent aussi de nouvelles connaissances, créent de nouveaux objets à partir de ceux qu'elles ont appris à reconnaître, et même réalisent des œuvres d'art… Les perspectives sont infinies.

D'après l'OCDE, plus de 32 % des emplois actuels vont disparaître ou être profondément transformés par l'intelligence artificielle, tandis que s'ouvrira un vaste champ d'emplois nouveaux pour des profils qualifiés. La Dares (Direction de l'animation de la recherche, des études et des statistiques) prévoit ainsi que 80 000 emplois seront vacants dans les technologies de l'information d'ici 2020.

Intelligence artificielle, un concours de gigabytes ?

Les développements de l'IA exploitent plusieurs disciplines : essentiellement les mathématiques pour les calculs, et l'informatique pour le traitement des données, mais aussi les neurosciences, source de compréhension du fonctionnement de l'intelligence humaine. L'ensemble est irrigué par internet, dont l'omniprésence dans nos vies garantit la collecte d'une avalanche de données – chiffres, textes et images – qui vont nourrir les algorithmes et servir à leur entraînement.

La sous-représentation des femmes est flagrante dans toutes ces disciplines, qu'il s'agisse de la recherche académique ou des métiers et fonctions dans les entreprises. En 2018, la France ne compte que 10 %[1] d'étudiantes sur les bancs des universités dans les cursus en informatique, ce qui n'est pas étonnant quand on sait que la spécialité « informatique » proposée en terminale S ne comptait que 4 % de filles en 2015[2]. Idem en mathématiques, où seulement 19 % des lycéennes choisissent cette spécialité en terminale. *In fine,* à peine 20 % des mathématiciens français sont… des mathématiciennes. Des chiffres curieux quand on sait que les classes de terminale S accueillent 46,7 % de filles et que ces dernières obtiennent davantage de mentions au bac. Les femmes

ZOOM

En 1997, le supercalculateur Deep Blue d'IBM bat le champion d'échecs Garry Kasparov. Vingt ans plus tard, AlphaGo de Google DeepMind bat le champion du monde de go, Ke Jie. Ces succès très médiatisés ont contribué à stimuler les recherches sur l'IA.

représentent 29 % des étudiants en école d'ingénieur en France, mais seulement 11 % d'entre elles choisissent les secteurs de l'informatique et de la communication (STIC). Si on exclut les fonctions transversales et de support, 12 % des employés du secteur numérique en France sont des femmes. Elles y dirigent 10 % des start-ups, où elles lèvent deux fois moins de fonds que les hommes. Où sont donc les « femmes du numérique » ? Majoritairement dans les fonctions RH, marketing et communication. Côté salaires, le tableau est un peu moins affligeant. En effet, c'est dans le secteur de l'informatique que les écarts salariaux sont les plus faibles chez les cadres : les femmes gagnent 5,5 % de moins que les hommes, contre 19,5 % en moyenne tous métiers confondus[3]. Mais le fossé se creuse avec l'âge et les responsabilités : 14,1 % d'écart salarial entre dirigeants et dirigeantes d'entreprises technologiques.

ZOOM

Aujourd'hui toujours beaucoup d'experts, peu d'expertes : dans le rapport parlementaire *France Intelligence Artificielle* de 2018, 83 % des 559 personnes auditionnées sont des hommes[4].

Dans le secteur de l'IA, comme dans tous les autres secteurs professionnels, les femmes ne sont pas égales aux hommes, ni en salaire – bien que l'écart soit moindre qu'ailleurs –, ni en statut. Le plafond de verre ne fait pas d'exception ; et comme toujours, on trouve encore et surtout les femmes dans les fonctions jugées maternantes et donc « féminines ».

La France est loin d'être le seul cancre de l'égalité homme-femme ! Aux États-Unis, on comptait 18 %[5] d'étudiantes parmi les étudiants en informatique en 2018, et toutes les branches de ce domaine ne se valent pas. Alors que 25 % des postes dans le secteur du numérique sont occupés par des femmes, la cybersécurité – un domaine largement impacté par l'intelligence artificielle – n'en affiche que 15 %[6].

Au-delà des chiffres, de nombreuses femmes rapportent que l'ambiance qui règne dans ce secteur leur est hostile. Ces dernières années, les pratiques des start-up numériques à succès ont été très fortement dénoncées. L'ingénieure Susan Fowler raconte en détail sur son blog comment le harcèlement sexuel est omniprésent chez Uber. La journaliste Emily Chang, quant à elle, dénonce la culture hyper masculiniste de la Silicon Valley. Dans son livre *Brotopia*, paru en 2018, elle expose une face cachée peu reluisante : attaques sexistes, orgies sexuelles où la drogue coule à flots... « *Pendant que les hommes s'envoient en l'air, les femmes se font avoir* » titre-t-elle l'un des chapitres. Résultat ? En milieu de carrière, 56 % des femmes impliquées dans des postes techniques quittent leur emploi ; un pourcentage deux fois plus élevé que chez les hommes[7]. Dans le milieu

« Les difficultés des femmes dans le secteur s'expliquent par cinq facteurs principaux : le manque de mentors, le manque de rôles modèles, les stéréotypes sexués, les inégalités des promotions, et les inégalités de salaire. »

D'après une étude 2017 de l'ISACA, association américaine engagée dans les systèmes d'information

ZOOM

Lancée en 2008, la plateforme GitHub est un service web dédié au développement de logiciels. Elle encourage la collaboration et le partage d'informations, ainsi que la création d'une communauté au sein des développeurs. C'est le plus grand hébergeur de code informatique au monde.

de la cybersécurité américaine, 51 % des femmes indiquent avoir été confrontées à des discriminations liées à leur genre, contre seulement 15 % des hommes.

Ces constats sont implacables : le secteur de l'intelligence artificielle est aussi masculin qu'un bar des sports le soir d'un match de Ligue 1. Moins formées, moins payées, moins promues, les femmes ne sont pas les bienvenues. Bref, l'IA est une fusée en plein décollage, mais à l'instar des missions Apollo, elle ne compte pas beaucoup de femmes à bord…

Double peine pour le développement du secteur

Dans le secteur de l'intelligence artificielle, les codes sources proviennent d'une large communauté de développeur·euses qui partagent et corrigent une partie de ces codes grâce à des plateformes telles que GitHub. Chacun ou chacune crée son profil (anonyme ou non) pour y poster son code, mais aussi proposer des « requêtes d'amélioration » afin d'optimiser le code écrit par d'autres. L'auteur ou l'auteure du code choisit ensuite d'accepter ou non cette requête en fonction de sa pertinence. Les recruteurs s'appuient sur ces plateformes pour évaluer les compétences des développeur·euses.

En 2016, des chercheurs ont analysé des millions de requêtes d'amélioration sur GitHub : ils ont montré qu'en moyenne, les changements proposés par les développeuses ont plus de chance d'être acceptés que ceux proposés par des hommes[8] . Leurs suggestions sont donc jugées bonnes, mais à une seule condition : qu'on ne détecte pas qu'il s'agit de femmes à partir de leur profil. Sinon, la modification a moins de chance d'être acceptée ! Le bât blesse donc deux fois : d'une part, le secteur se prive d'un code de meilleure qualité en écartant les femmes ; d'autre part, les développeuses sont jugées « mauvais contributeurs ». Devant ce triste constat, on pourrait s'en tenir à une réplique de comptoir : « *D'accord, les développeurs sont sexistes, mais ça ne veut pas dire que la technologie qu'ils développent l'est aussi !* » Et pourtant...

L'IA, reflet de la société

Au mois de novembre 2017, un internaute déclenche une polémique sur les réseaux sociaux : dans un post devenu viral[9] , il montre que le logiciel de traduction automatique Google Translate est bourré de stéréotypes, notamment dans ses traductions anglaises du turc. Le turc est une langue non genrée : il n'y a pas d'articles et de pronoms « le/il » « la/elle », seulement « le/on ». Les professions, états émotionnels, statuts sociaux et actions sont ainsi décrits de façon neutre. Or ils ont été instantanément sexués dans la traduction anglaise ! La « personne heureuse » en turc est devenue un

« homme heureux » en anglais ; la « personne malheureuse » une « femme malheureuse » ; quant à la « personne mariée », elle est devenue « femme mariée », et la « personne célibataire » un « homme célibataire » ! Pourquoi ? La traduction fournie par Google Translate se fonde alors sur l'observation des fréquences d'usage d'un mot dans une grande base de données. Si le mot « ingénieur » apparaît 1 000 fois dans les références, et qu'il s'agit en majorité d'hommes, l'algorithme assignera un genre masculin à ce métier. De même, il aura tendance à associer les mots « maestro » et « capitaine » à un homme, et les mots « infirmier » et « nounou » à une femme[10]. Il ne fait que traduire les stéréotypes de la culture ambiante, et de ce fait les perpétue ! En 2013, dans le cadre d'une grande campagne de sensibilisation, l'ONU Femmes dénonce le même écueil à propos de la fonction de saisie semi-automatique de Google. Lorsque le moteur de recherche complète des phrases telles que « *les femmes ne devraient pas* » et « *les femmes ont besoin* », un florilège de stéréotypes sexistes apparaît – les prédictions reflètent en effet la popularité des recherches faites par les internautes.

ZOOM

Les chatbots déployés sur internet pour gérer la relation client sont très souvent des assistantes : Emma de la Redoute, Lucie de SFR, Cécile de Pôle Emploi, Inès de Nespresso, Lara de Meetic, Eva de Free, Laura de EDF, Yoko de Toshiba France… Traits féminins justifiés ou fantasme masculin ?

Les fameux chatbots, programmés pour mener une conversation avec un humain, ne sont pas immunisés contre les biais humains. L'exemple le plus marquant de ces dernières années est celui de Tay.ai, l'assistant conversationnel de Microsoft, déclaré arbitrairement féminin. Destinée aux 18-24 ans, Tay.ai interagissait avec les internautes via un compte Twitter ; le chatbot devait apprendre à converser à partir des interactions avec ses followers, et s'adapter à leur comportement. Microsoft n'avait pas anticipé l'intervention massive de *trolls*, ces internautes qui se complaisent à faire déraper les discussions en ligne en publiant des propos provocateurs. Nourrie par des trolls, Tay.ai est devenue en moins de 24 heures admiratrice d'Hitler, sexiste et raciste.

ZOOM

Cortana est le nom de l'assistant intégré à Windows 10… mais aussi d'un personnage fictif aux formes hyper féminisées du jeu vidéo Halo.

L'IA propage et renforce les inégalités de genre

Les algorithmes d'IA assimilent donc les stéréotypes culturels sexistes (mais aussi racistes, sociaux, économiques, religieux, homophobes, physiques, etc.). Or ils vont influencer nombre de choix individuels et collectifs. C'est le cas d'un algorithme chargé de proposer la rémunération d'un nouveau salarié. S'il utilise uniquement les bases de données existantes, il suggérera, à poste

“ – Alexa ,
tu es une salope.
– Merci pour
le feed-back ! ”

Conversation entre un utilisateur et Alexa, l'assistant personnel intelligent d'Amazon (programmée pour ne pas fâcher le client !)

égal, un salaire moins élevé pour une femme que pour un homme, à l'image des inégalités actuelles.

En 2015, Amazon a rapidement interrompu les tests d'un algorithme d'aide à la décision à l'embauche[11] . En se fondant sur les données de recrutement des dix années précédentes, le programme s'est mis à pénaliser les CV contenant le mot « femme » pour des postes techniques. Un an après, le *Seattle Times* révèle que, sur LinkedIn, la recherche « Stéphanie Williams » affiche instantanément « Vouliez-vous dire Stephen Williams ? », « Andrew » pour « Andrea », « Michael » pour « Michaela »... Difficile d'accroître la visibilité, et donc l'emploi des femmes dans le milieu professionnel, lorsque les hommes sont proposés par défaut !

« Il faut éviter que les biais de la société ne se reflètent dans les décisions prises par les machines. »
Yann LeCun, directeur de la recherche en intelligence artificielle chez Facebook

L'ampleur du phénomène est inquiétante. En 2015, trois chercheurs de l'université Carnegie Mellon et du International Computer Science Institute ont évalué la plateforme de publicités ciblées de Google en simulant 1000 profils (500 hommes et 500 femmes), et en analysant les offres d'emploi qui étaient proposées aux profils féminins. Systématiquement, les offres correspondaient, pour des niveaux similaires d'expertise et de qualification, à une rémunération moindre[12]. Or « *La publicité en ligne ciblée de Google est tellement omniprésente que l'information proposée est susceptible d'avoir un effet tangible sur les décisions que les femmes prennent* », souligne Anupam Datta, coauteure de l'étude.

Que ce soit par des offres d'emplois moins rémunérées ou des publicités ciblées genrées (couches et biberons aux femmes, même sans enfants !), les algorithmes enfoncent le clou du machisme.

ZOOM

En 2011, le militant américain Eli Pariser publie un livre dénonçant les conséquences du classement et du filtrage de l'information par les algorithmes (*The filter bubble, what Internet is hiding from you*). Ces filtres proposent un contenu auquel l'utilisateur·trice va adhérer, et ainsi conforter ses croyances.

En résumé, le monde de l'intelligence artificielle se conjugue au masculin. L'IA reproduit les préjugés genrés de notre société, les diffuse, et les amplifie. Dans ce secteur en plein essor, on cherche les femmes à la loupe. C'est d'autant plus absurde que tout le monde s'accorde pour considérer l'IA comme le principal enjeu économique du XXIe siècle, et comme un gisement d'emplois qualifiés.

Si les femmes sont tout à fait légitimes dans toutes les sphères de l'intelligence artificielle, pourquoi en sont-elles si absentes ?

CHAPITRE 2

Où sont passées les femmes ?

« Je me rappelle cette fois où j'ai posé une question à mon professeur d'informatique ; il s'est arrêté, m'a regardée et a dit "Vous devriez déjà connaître ça". Et j'ai pensé "Je n'arriverai jamais à exceller dans ce domaine". »

Patricia Ordóñez, professeure assistante en science computationnelle

L'absence des femmes dans le domaine de l'intelligence artificielle et plus généralement dans celui des sciences est criante. Histoire ancienne ou syndrome de notre temps ? Les deux, mon général !

Les petites mains

L'informatique et l'intelligence artificielle ont émergé bien avant l'apparition des ordinateurs. C'est en 1837 que le mathématicien Charles Babbage décrit « l'engin analytique », considéré comme le premier ancêtre de nos ordinateurs. Ada Lovelace, qui travaille avec Babbage, élabore alors des méthodes pour résoudre des problèmes mathématiques avec cette machine imaginaire. Elle est considérée comme la première programmeuse au monde.

Au début du XXe siècle, le terme « ordinateur » (*computer* en anglais) désigne des humains qui réalisent des calculs à des fins scientifiques ou militaires. En grande majorité, ces humains sont… des humaines ! À cette époque, les travaux de calcul sont considérés comme répétitifs et fastidieux et ils sont confiés à des femmes, à la fois réputées plus minutieuses que les hommes, mais aussi beaucoup moins bien payées. Vieille habitude… Un astrophysicien de Harvard, Edward Pickering, marque les esprits en recrutant de nombreuses femmes dans son laboratoire pour effectuer de lourdes tâches arithmétiques. Son groupe de collaboratrices, connu sous le nom édifiant de « harem de Pickering », illustre bien la situation : la présence oui, la valorisation, pas question !

> “ J'engage volontiers des femmes à la place de calculateurs et d'ordinateurs. Non seulement elles sont moins chères, mais elles sont douées pour les travaux de routine, tandis que les hommes s'impatientent dès qu'un travail devient répétitif. ”
>
> William Elkin, directeur de l'Observatoire de Yale (il crée son propre « harem » en 1901)

À la guerre comme à la guerre

La Seconde Guerre mondiale constitue un tournant. Les premiers ordinateurs à circuits électroniques sont construits à des fins militaires, pour la cryptographie et les calculs balistiques. Dans le cadre de l'effort de guerre, de nombreux métiers s'ouvrent aux femmes ; on les voit notamment participer aux travaux de calcul des trajectoires de missiles. Elles passent aisément de tâches de calcul manuel à la programmation des ordinateurs qui réalisent les mêmes opérations. L'ENIAC (Electronic Numerical Integrator And Computer), un super ordinateur américain destiné aux calculs de trajectoires, est ainsi conçu par deux ingénieurs, mais programmé par un groupe de six femmes. Ce faisant, ces pionnières ont posé les bases de la programmation (création de fonctions réutilisables, programmation en binôme, structures de contrôle...). Cependant, elles ne reçoivent aucun prix – contrairement aux concepteurs masculins – et leur contribution n'est reconnue que des décennies plus tard.

ZOOM

Le travail des six premières programmeuses de l'ENIAC, Kay McNulty, Betty Jennings, Betty Snyder, Marlyn Meltzer, Fran Bilas et Ruth Lichterman, ne commence à être reconnu que 50 ans après leurs faits d'armes. Elles sortent de l'ombre dans le documentaire *Top Secret Rosies: The Female «Computers of WWII»*, sorti en 2010.

Alors que la guerre prend fin, les femmes continuent à investir le domaine. Le développement rapide de l'informatique demande plus de main-d'œuvre qu'il n'existe de personnes qualifiées. Grâce à l'expérience acquise durant le conflit, les femmes sont aux premiers rangs pour développer la programmation et l'enseigner. En 1952, c'est une informaticienne, Grace Hopper, qui conçoit le premier langage de « haut niveau » (dont la syntaxe, qui ne dépend plus de la machine « physique », facilite le travail du programmateur). Des informaticiennes participent aux plus grandes aventures scientifiques de l'époque. En 1969, à la NASA, Margaret Hamilton développe les logiciels qui pilotent le lanceur *Saturn V* d'Apollo 11 vers la Lune ; ses recherches sur la priorisation des tâches assurent le succès des Américains, et posent les fondations des logiciels modernes.

ZOOM

Le secteur de l'IA a vu officiellement le jour en 1956, lors d'une conférence à Dartmouth. Parmi les fondateurs, seulement des pères tels John McCarthy, Claude Shannon, Marvin Minsky ou encore Nathaniel Rochester ! Dans ces hautes sphères, les femmes sont déjà minoritaires et reléguées aux seconds rôles dans la majorité des cas.

Dans les années 1970 et au début des années 1980[13], le nombre de femmes dans le milieu de l'informatique ne cesse d'augmenter. On compte d'ailleurs bien plus de femmes dans le domaine de l'informatique que dans les autres secteurs scientifiques. En 1984, aux États-Unis, 37 % des diplômés en informatique sont des femmes – quand elles ne sont que 14 % en physique[14]. À la même époque en France, l'informatique est le deuxième domaine en nombre de femmes diplômées. Dès la fin des années 1950, Alice Recoque joue un rôle important dans le développement des premiers mini-ordinateurs (dont les circuits intégrés permettent la miniaturisation) ; et en 1978, elle participe à la création de la CNIL (Commission nationale de l'informatique et des libertés).

Plus dure est la chute

À partir du milieu des années 1980, la tendance s'inverse. Alors que la part des femmes dans les secteurs du droit et de la médecine augmente, elle chute dans le milieu de l'informatique pour atteindre entre 10 % et 15 % aujourd'hui. L'adage « Le temps fait bien les choses » ne s'applique pas ici. Que s'est-il passé ?

Dans les années 1990, Jane Margolis, sociologue à l'université de Californie à Los Angeles, et Allan Fisher, informaticien à l'université Carnegie Mellon, interrogent des dizaines d'étudiant·e·s pour comprendre la surreprésentation masculine en informatique. Ils publient en 2002 un ouvrage de référence[15] dans lequel ils résument les raisons de cette absence. En cause, notamment, l'arrivée des ordinateurs personnels : Commodore 64, Atari ST, Apple2… Ils ne servent alors pratiquement qu'à jouer et sont vendus comme des jeux… pour garçons ! Les publicités, les films, tout indique que ces ordinateurs ne sont pas faits pour les filles.

> “ Programmer demande de la patience et la capacité à gérer des détails. Les femmes ont des qualités « naturelles » pour la programmation informatique. ”
>
> Grace Hopper, informaticienne, « The computer girls », *Cosmopolitain,* 1967

Progressivement, la narration autour de la révolution informatique se transforme en un récit exclusivement masculin. Les héros de cette mythologie sont des *geeks* : des hommes férus et obsédés par la technologie, l'informatique et la programmation, qui passent leurs journées derrière un écran. Vision qui se diffuse dans toute la société, véhiculée par des films comme *Weird Science* (J. Hughes, 1985), *Revenge of the Nerds* (J. Kanew, 1984) et *War Games* (J. Badham, 1983). Les familles, influencées par les publicités très genrées de l'époque[16], achètent plus volontiers des ordinateurs à leurs garçons qu'à leurs filles. À l'école, les salles et clubs d'informatique deviennent rapidement « réservés aux garçons », et rendent encore plus improbable l'intérêt des filles pour ce domaine. Celles qui se décident néanmoins à étudier l'informatique à l'université sont défavorisées par leur manque d'expérience comparativement à leurs homologues masculins, encouragés très tôt à passer du temps sur les ordinateurs.

ZOOM

Les femmes ont contribué à l'essor des ordinateurs personnels. En 1965, Mary Allen Wilkes devient la première personne à utiliser un ordinateur chez elle et développe le premier système d'exploitation pour mini-ordinateurs, l'ancêtre de Windows et Mac OS.

Au-delà du prisme de la culture *geek*, l'histoire de la présence des femmes en informatique s'inscrit dans la droite lignée d'autres innovations émergentes. Tant que le secteur reste perçu comme peu prometteur, on y trouve des femmes. Lorsque l'innovation est développée et que le marché s'annonce juteux, ici avec l'apparition des ordinateurs personnels, leur participation diminue drastiquement : elles sont évincées du secteur...

Depuis lors, où sont les femmes ?

Alors que le domaine vit une période glorieuse, les années 1980 marquent un coup d'arrêt pour les femmes dans l'informatique. L'intelligence artificielle en est alors à ses balbutiements. Certains pionniers sont Français et mieux encore, Françaises ! Elles sont suffisamment rares pour être citées. Dans les années 1980, la mathématicienne Françoise Soulié-Fogelman devient une référence en exploration de données, et supervisera plus de vingt thèses dans le domaine. Quelques années plus tard, elle introduit Yann LeCun, future figure de proue de l'IA, à la science des réseaux automates. Ils attendront plus de 20 ans avant de voir dynamiter les barrières qui verrouillaient leur champ de recherche. En parallèle, l'informaticienne française Isabelle Guyon développe, en collaboration avec ses collègues, une nouvelle famille d'algorithmes, fondée sur d'autres types de mathématiques que les réseaux de neurones, les SVM (Support Vector Machines).

3 : c'est le nombre de femmes, sur 65 attributions au total, ayant remporté le prix Turing, considéré comme le « prix Nobel » de l'informatique, entre 1966 et 2017.

De nos jours, les pointures de l'IA sont toujours des hommes, même si certaines femmes comme Fei-Fei Li, de l'université de Stanford, ou encore Cordelia Schmid (une des plus grandes spécialistes mondiales de la vision par ordinateur), sont reconnues et médiatisées. L'histoire de l'IA continue de s'écrire au masculin.

Les vieux stéréotypes sexistes toujours à l'œuvre

Actuellement, la plupart des responsables des secteurs politiques, économiques et éducatifs prennent conscience des problèmes générés par l'absence des femmes dans les sciences – en termes d'emplois, de perte de talents et d'image du secteur. Pourtant, les chiffres évoluent à peine. En cause notamment, le peu d'attractivité des domaines scientifiques et techniques pour les femmes, et l'absence d'un vivier pérenne de talents faute de formation. Entre le petit nombre de femmes dans les cursus en informatique et leur « évaporation » en cours de carrière, il est difficile de faire progresser les chiffres.

> « J'étais à l'origine attirée par la physique et la chimie, avec Marie Curie comme "modèle". Mais j'étais aussi attirée par la biologie et en général la modélisation des systèmes indépendamment de leur réalisation physique (la "cybernétique"). D'où mon choix des neurones artificiels, puis d'autres modèles d'apprentissage. »
>
> Isabelle Guyon, professeure à l'université de Paris-Saclay

La racine de tous les maux tient en un mot : stéréotypes. Ces bonnes vieilles croyances sur les qualités « naturelles » supposées différentes des filles et des garçons, qui les destineraient à des rôles, à des intérêts, à des tâches et donc à des métiers différents. Avec en prime ce que l'anthropologue Françoise

Héritier appelle la valence différentielle des sexes, c'est-à-dire la valorisation de tout ce qui est attribué au domaine masculin et la dévalorisation du féminin. La tarte à la crème « *Les sciences et les technologies sont des disciplines masculines* » en est un bel exemple, lourd de conséquences sur les mentalités et les comportements de la société. Des chercheurs ont montré qu'une jeune fille sera moins performante dans un exercice commun avec les garçons, s'il lui est présenté au préalable comme un test de mathématiques plutôt que comme un test de logique[17, 18]. Cette « menace du stéréotype », ou effet Golem, a un impact sur les résultats scolaires, résultats qui déterminent l'orientation et la motivation pour choisir un domaine d'étude ou une spécialité.

> « Les métiers n'ont pas de sexe, mais ils sont sexués. »
>
> Françoise Vouillot, enseignante-chercheuse au CNAM[19]

Comme le décrit Isabelle Collet, enseignante-chercheuse à l'université de Genève, chez les filles, une censure sociale se construit de la naissance à l'emploi[20]. Dès le plus jeune âge, les activités et les comportements sont différenciés en fonction du sexe. À la maison, poupées et lecture pour les filles, Rubik's Cube et jeux de construction pour les garçons. À l'école, les garçons sont davantage stimulés et interrogés en maths que les filles, et quand il est question d'orientation, les garçons sont plus volontiers dirigés vers les sciences dites dures (entendez viriles), et les filles vers les lettres, les sciences humaines (dites molles) et les services[21] . À l'adolescence, les jeunes visionnent des séries comme *The Big Bang Theory* qui décrit une bande de physiciens *nerds*, en mal de copines, se confrontant à Penny, la femme sexy, serveuse dans un restaurant. Normal que les jeunes femmes, qui trouvent par ailleurs dans le paysage peu de rôles modèles auxquels s'identifier, se croient systématiquement moins compétentes en mathématiques et en informatique ! Signe d'amélioration : dans la série plus récente *Mr. Robot*, Darlene Alderson, la sœur du héros, est aussi une hackeuse de talent.

L'excellence est… masculine

Les disciplines scientifiques sont associées à une notion d'excellence en termes de contenus et de carrière. En 2015, des scientifiques[22] montrent que définir un champ comme « excellent » a une incidence sur la parité d'un domaine : plus la discipline est perçue comme « *produite par des petits génies* », moins elle est féminisée. L'autocensure joue à tous les niveaux : le choix de la discipline, du poste, de la progression de carrière. Un combat de tous les jours ! Des phénomènes comme « le syndrome de l'imposteur » (qui se traduit par un doute maladif sur les mérites

ZOOM

Récemment, les contributions des femmes aux succès de la NASA ont été sorties du placard. Le film *Les Figures de l'ombre* (T. Melfi, 2017) retrace la vie de la mathématicienne Katherine Johnson qui contribua aux calculs de nombreuses trajectoires de fusées. La même année, LEGO sort des figurines dédiées aux femmes ayant marqué l'histoire de la NASA.

liés à son travail, et une crainte permanente d'être démasqué·e comme incompétent·e) poussent certaines femmes à quitter leur métier.

À tous les stades de carrière, les préjugés sexistes influencent le recrutement, le statut, le salaire, la rémunération et la reconnaissance. Les lettres de recommandation, essentielles au début d'une carrière académique, sont écrites différemment pour les hommes et pour les femmes[23] . Les champs lexicaux varient : une femme sera « *sérieuse* » et « *travailleuse* », tandis qu'un homme sera « *brillant* » avec des « *capacités de leadership* ». Lors des entretiens d'embauche, les femmes partent avec un handicap : y compris à lettre de recommandation et CV semblables, les discriminations persistent. Pour preuve, des expériences dites de *testing* ont été réalisées dans les milieux académiques scientifiques[24]. Des CV strictement identiques, à l'exception du prénom indiqué de façon très visible, ont été évalués par des chercheur·se·s pour un poste dans leur laboratoire. Quel que soit le sexe de l'évaluateur·rice, les candidats masculins ont été considérés comme plus compétents que leurs homologues féminines. Un meilleur salaire leur a été proposé, ainsi que davantage d'opportunités de mentorat ! Pour chaque candidature à une bourse, à un poste ou encore à une promotion, ces éléments se cumulent et freinent l'ascension des femmes. Logique, dès lors, que parmi les 619 prix Nobel « scientifiques » décernés à ce jour, seuls 20 l'aient été à des femmes.

La culture sexiste qui règne dans les milieux masculins pousse de nombreuses femmes à quitter leur secteur initial d'activités. Dans des écoles d'informatique, certaines pratiques culturelles revendiquées véhiculent une image fortement « virile ». Par exemple, passer une semaine entière à coder sans rentrer chez soi et sans se laver est valorisé par ses pairs. Des remarques comme « Tu suces pour du code ? » ont été rapportées par des étudiantes en informatique. Il n'y a pas que la vulgarité : les femmes sont aussi victimes de *mansplaining* (situation lors de laquelle un homme se croit en devoir d'expliquer à une femme quelque chose qu'elle sait déjà, généralement de façon paternaliste ou condescendante) ; leurs compétences sont remises en question par leurs pairs/clients ; elles doivent passer plus de temps à démontrer leurs compétences… On peut comprendre l'hésitation des femmes à travailler dans les entreprises numériques.

> « Je ne voulais plus avoir de relations professionnelles avec des personnes qui pouvaient s'en tirer avec de subtiles blagues sexistes ou homophobes. »
>
> Sage Sharp, développeuse, explique pourquoi elle a quitté l'équipe de développement du noyau Linux en 2015

L'intelligence artificielle est considérée comme fer de lance de l'innovation scientifique et technique. Force est de constater qu'elle ne dépare pas la tradition machiste du monde professionnel en général ! Il est indispensable de comprendre pourquoi elle perdure.

CHAPITRE 3

Apprentissage sous influence

« Nous avons des préjugés,
et l'intelligence artificielle
les apprend. »

Joanna Bryson, professeure agrégée au département d'informatique de l'université de Bath

À l'instar de l'intelligence humaine, l'intelligence artificielle est largement conditionnée par ses interactions avec son environnement, par ceux et celles qui l'enfantent, l'éduquent, l'influencent et par les informations dont elle est nourrie. À chaque étape de leur développement, les algorithmes récupèrent nos préjugés.

L'apprentissage des algorithmes

Comme les humains, l'intelligence artificielle se nourrit des informations de son environnement pour apprendre à en identifier les différentes composantes. Ses algorithmes suivent une procédure de *machine learning* (apprentissage automatique) grâce à un jeu de données et une méthode *ad hoc*.

De nombreux principes sont communs aux algorithmes de *machine learning*. Prenons l'exemple d'un programme qui doit reconnaître des images de chats. Dans le cas d'un *apprentissage supervisé,* on entraîne le programme en lui fournissant des milliers d'images d'animaux qui ont déjà été annotées « chat » ou « non-chat » par un humain (ou de façon plus détaillée, « tête de chat avec un pelage noir », « renard polaire *vulpes lagopus* », etc.). Dans le cas d'un *apprentissage non supervisé,* les images ne sont pas annotées et le programme crée de lui-même différents groupes à partir de similarités qu'il aura repérées. Une fois les groupes formés, ce sera au développeur de les interpréter comme « chat » et « non-chat ».

En 2012, l'intelligence artificielle IABrain de Google a ainsi appris à repérer les chats sur des photographies avec une fiabilité de 75 % ; aucune information sur les caractéristiques propres aux chats ne lui avait pourtant été fournie ! Pendant trois jours, la machine a analysé 10 millions de vignettes issues de YouTube, non étiquetées et choisies aléatoirement, pour y détecter des formes récurrentes. Ce genre de prouesses est rendu possible grâce au *deep learning*, catégorie phare du *machine learning* qui a fait décoller l'IA. Il se fonde sur les fameux « réseaux de neurones », organisés en couches, qui s'inspirent du fonctionnement du cerveau humain. Les réseaux dits « profonds » sont constitués d'une dizaine de couches intervenant chacune dans une étape de reconnaissance : pixel, coin, motif… Le machine learning ne se résume pas aux réseaux de neurones : il existe d'autres catégories d'algorithmes fondés sur des mathématiques différentes mais avec des applications similaires tels les Random Forest, SVM, etc.

ZOOM

Les réseaux de neurones artificiels sont constitués de neurones virtuels organisés en couches. Le ou la développeur·euse définit la structure du réseau, tandis que les poids des synapses entre deux neurones, les seuils d'activation, etc. sont calculés grâce à l'apprentissage. Les couches sont plus ou moins nombreuses (profondes) d'où le terme « apprentissage profond » (*deep learning*).

Les bases de données fourmillent de biais

La phase de construction du corpus d'apprentissage est essentielle pour que l'IA fournisse de bons résultats. Cette phase est aussi… la première source de biais ! Dans les bases de données les plus populaires, certains groupes sont surreprésentés comparés à d'autres.

Ainsi, dans ImageNet, plus de 45 % des images sont produites par les États-Unis (qui ne représentent que 4 % de la population mondiale), tandis que les images en provenance de l'Inde et de la Chine (qui représentent 37 % de la population mondiale) ne contribuent que pour 3 % au corpus[25]. Sur Google Image, lorsque l'on cherche le mot *writer* (écrivain·e), 26 % des images montrent des femmes, alors que 56 % des auteurs sont des auteures[26] .

Dans le cas des algorithmes supervisés, une deuxième forme de biais apparaît. Lorsque les annotations d'images sont réalisées manuellement, elles traduisent les préjugés, plus ou moins conscients, de ceux qui les rédigent. C'est le cas du jeu de données Flickr30K, une collection de 30 000 images assorties de descriptions, qui sert fréquemment à entraîner des IA pour générer automatiquement des annotations d'image. Les descriptions, fournies par crowdsourcing (tout un chacun peut en déposer une sur la plateforme), sont tout sauf objectives[27] . La même image, celle d'« une fille blonde et un homme chauve aux bras croisés se regardent dans une pièce » est aussi décrite par « une blonde, sexy, est critiquée par son boss ». De même, dans des bases telles que ImageNet, une photo de femme américaine en robe de mariée est étiquetée « mariée », « robe », « femme », alors que celle d'une femme indienne en robe de mariée a droit à « costume », « performance artistique ». Si l'algorithme est entraîné sur cette base, il définira toute future photo de femme indienne en robe de mariée comme une performance artistique plutôt que comme une femme en robe de mariée. Stéréotype de genre certes, mais aussi stéréotypes en tous genres !

Les étapes de la contagion sexiste

Quand la base d'images (ou plus largement de données) est construite, le·a développeur·euse formalise le problème à traiter en termes mathématiques. C'est une troisième source potentielle de biais ! Certaines questions ont une traduction évidente et ne font pas débat, comme classer les images en deux groupes : « chats » et « non-chats ». D'autres sont plus complexes.

Imaginons qu'il faille proposer la meilleure orientation à un ensemble d'élèves à partir d'une liste de vœux et des disponibilités des établissements demandés. On peut écrire un algorithme qui privilégie le premier vœu de l'élève, ou s'assurer que tous les élèves aient au moins leur 3e choix, ou encore que les notes jouent un rôle prépondérant dans la décision. Lequel de ces algorithmes répond le mieux à la question posée de la meilleure orientation ? La réponse est totalement subjective. Un algorithme n'a pas d'intention en soi, mais à travers la description de ses objectifs, il véhicule celle de ses créateur.rice.s.

> « Celui qui code le système intègre sa vision du monde. Les visions limitées créent des systèmes limités. Codons avec un regard universel ! »
>
> Joy Buolamwini, chercheuse en informatique, fondatrice de l'Algorithmic Justice League (2016)

L'objectif défini et traduit, l'étape suivante consiste à modifier/optimiser les paramètres de l'algorithme pour qu'il soit le plus performant possible. Pour évaluer sa performance, la base de données est divisée en différents ensembles, l'un pour apprendre, l'autre pour tester la qualité des prédictions. C'est la *validation croisée*. Là encore, il faut opérer des choix.

Dans le cas d'un algorithme chargé de sélectionner les « meilleurs » élèves pour un lycée (sur un ensemble de critères pioché dans leur dossier de scolarité), sa performance sera par exemple jugée sur la proportion des recrues qui auront effectivement plus de 16 de moyenne au bac, trois ans plus tard. Pour l'algorithme, il s'agit de créer deux groupes : favorable ou non. Prédire avec 100 % d'exactitude les résultats des élèves reste du domaine de l'illusion : il y aura inévitablement des faux positifs, c'est-à-dire des élèves qui seront acceptés dans cette structure mais qui auront moins de 16 de moyenne au bac, et des faux négatifs, c'est-à-dire des élèves qui seront refusés mais auront plus de 16 de moyenne au bac. Dans la plupart des cas, il est mathématiquement impossible de trouver une solution qui minimise à la fois le nombre de faux positifs et le nombre de faux négatifs. Il faut choisir arbitrairement un seuil qui les rende acceptables.

ZOOM

L'optimisation des paramètres d'un algorithme peut être réalisée par un humain ou par le programme lui-même, en attribuant un score à chaque solution. On parle alors de *reinforcement learning*. Le programme aura pour objectif de maximiser son taux de succès, et pourra lui-même modifier ses propres paramètres.

Et que faire si le groupe des faux négatifs (les étudiant·es refusé·es bien qu'ayant finalement décroché le bac avec plus de 16 de moyenne) est composé à 90 % de femmes, tandis que celui des faux positifs l'est à 90 % d'hommes ? Faudra-t-il corriger les critères de sélection appliqués aux prochaines recrues, et comment ? Le programme parfaitement juste et équitable n'existe pas. En favorisant un groupe par rapport à un autre, un biais est créé sur le champ.

L'algorithme ayant été entraîné et évalué, le·a développeur·se cherche à comprendre les limites de son travail. Dans quels cas le programme ne fonctionne pas correctement ? Dans quelle mesure peut-il être généralisé ? Si aucun chat roux n'est présent dans la base initiale, l'image d'un chat roux peut-elle être reconnue comme « chat » ?

Les réseaux de neurones (et particulièrement les algorithmes de *deep learning*) posent un problème majeur : ils comptent rapidement des dizaines de milliers voire des dizaines de millions de paramètres, et personne ne comprend vraiment comment a été prise la décision automatique ! Une vraie « boîte noire ». En observant un réseau entraîné, programmeurs et programmeuses sont capables de conclure que le réseau prédit correctement 99 % des cas, mais pas de comprendre pourquoi les 1 % restants ne l'ont pas été. Sans identifier les critères de décisions de l'algorithme, il est impossible d'évaluer correctement la capacité d'un programme à être équitable et sans biais.

La réutilisation des codes : réplication, multiplication des biais

De nombreux codes reposent sur des scripts « standards », qui font gagner du temps et garantissent une homogénéisation des pratiques. Ainsi, pour créer un programme qui détecte le sexe et le métier d'une personne visible sur une photo qu'on lui soumet, nul besoin de tout écrire *ex nihilo* ; on peut emprunter le code d'une « librairie de reconnaissance de sexe et de métier » qui comprend la base de données d'apprentissage disponible sur GitHub. Ces photos vont déterminer la distinction effectuée entre les femmes et les hommes, ainsi que leur métier. Si la base d'apprentissage décrit une femme avec une blouse comme « infirmière », et un homme avec une blouse comme « docteur », il y a de fortes chances pour que le programme décide que la photo de la plus grande chirurgienne de France est celle d'une infirmière.

« Il y a une illusion selon laquelle la machine aspire le monde et vous donne un résultat objectif. »

Jean-Gabriel Ganascia, chercheur au Laboratoire d'informatique de Paris 6, president du comité d'éthique du CNRS

Et cette erreur persistera dans les nouveaux algorithmes tant que la communauté réutilisera la même librairie avec le même jeu d'apprentissage. Car personne ou presque ne prend le temps de corriger ces bases de données. « *Quelqu'un d'autre le fera, à ma place...* » Ainsi, l'IA imprime les biais et les amplifie. C'est le phénomène qu'ont décrit des chercheurs des universités de Virginie et de Washington en 2017 à partir de l'analyse d'un grand corpus d'images légendées issues des bases de données imSitu et COCO[28] . Les personnes qui y sont montrées en cuisine sont plus souvent des femmes que des hommes. Les chercheurs ont entraîné un algorithme sur ces bases de données, et lui ont ensuite demandé de décrire de nouvelles images de personnes en train de cuisiner. Quand leur sexe était ambigu, l'algorithme leur a attribué majoritairement le sexe féminin. À la fin de l'expérience, la fréquence d'apparition des femmes avait donc été accrue, et le stéréotype sexiste diffusé !

Entre autres dérives possibles, des robots assistants pourraient proposer systématiquement d'aider les femmes à faire le dîner, et tout aussi systématiquement d'ouvrir une bière à un homme. Très explicite aussi, le cas de Google Translate, qui aligne bien plus de pronoms masculins que de prénoms féminins dans ses traductions, y compris quand le texte d'origine fait explicitement référence à des pronoms neutres ou même féminins. Pire encore, chaque fois que Google traduit un terme au masculin là où on attend du féminin ou du neutre, la présence de pronoms masculins est démultipliée sur le web, au détriment de l'égalité entre les sexes.

> « Une erreur constamment répétée, ça n'est plus une erreur, c'est un choix. »
> Paulo Coelho, écrivain

L'influence de la mixité

Les sources de stéréotypes sexistes évoquées ici sont connues et démontrées. D'autres questions subsistent, notamment sur les liens entre la mixité des équipes et la fabrication des algorithmes. Dans une étude publiée en août 2018, Rachel Greenstadt et Aylin Caliskan, des universités Drexel et Georges Washington, avancent que la façon de coder est propre à chaque individu, et est identifiable à l'aide d'un algorithme *ad hoc*[29] . Dès lors, il serait possible de comparer les écritures de code des femmes avec celles des hommes et d'étudier les conséquences éventuelles sur le produit final. Une telle recherche serait loin d'être inutile...

De nombreuses études nationales et internationales montrent le rôle moteur joué par les équipes mixtes sur la qualité des décisions et sur la performance des entreprises. Ainsi, depuis 2002, Michel Ferrary, chercheur affilié à la Skema business school, montre dans les enquêtes annuelles de l'Observatoire de la féminisation des entreprises que les entreprises à fort taux de féminisation connaissent une hausse plus élevée de leur chiffre d'affaires, une plus grande productivité, et créent plus d'emplois[30]. En diversifiant les équipes, on diversifie et multiplie les talents et les angles d'approche, tout en influençant le climat de travail et la créativité. Les corrélations entre la diversité des équipes et les performances d'un algorithme à répondre à un problème restent à prouver, mais il y a fort à parier qu'elles sont positives.

Bref: à chaque étape de leur développement, les algorithmes reproduisent et diffusent les idées de leurs concepteurs, leurs croyances et leurs préjugés. Il existe pourtant un arsenal de solutions techniques qui ne demandent qu'à être mises en place...

CHAPITRE 4

Domestiquer les algorithmes

« L'intelligence artificielle ne peut pas être une nouvelle machine à exclure. Elle doit être l'affaire de tout le monde. »

Cédric Villani, député de l'Essonne et auteur du rapport parlementaire *Donner un sens à l'Intelligence Artificielle* (2018)

Les chercheurs et les entreprises high-tech explorent les solutions pour débusquer et corriger les stéréotypes véhiculés par l'intelligence artificielle. Ils n'ont pas le choix s'ils veulent garder la confiance des utilisateurs !

Les algorithmes en accusation

Au départ, ce sont des initiatives individuelles qui ont pointé les failles de certains programmes. En 2015, un développeur afro-américain interpelle le service Google Photos : des photographies de lui avec une amie noire ont été accidentellement regroupées dans une catégorie « gorilles » ! En

2018, Joy Buolamwini, alors étudiante au MIT, montre que le logiciel de reconnaissance faciale de Microsoft reconnaît bien le sexe des hommes blancs, mais est moins performant quand il s'agit de femmes à la peau sombre[31]. À l'intersection des arts, des technologies et de l'activisme (son initiative Ligue de Justice Algorithmique est depuis devenue célèbre), ses recherches définissent de nouveaux concepts comme le « *incoding* », c'est-à-dire le fait de coder de façon plus inclusive.

ZOOM

Les dangers potentiels des algorithmes comme « fabriques d'inégalités » sont exposés dans trois ouvrages séminaux : *Weapons of Math Destruction* de Catherine O'Neil (2016), *Algorithms of Oppression* de Safiya Umoja Noble (2018), et *Automating Inequality* de Virginia Eubanks (2018).

Stimulés par ces actes militants, chercheurs, chercheuses et entreprises se lancent aujourd'hui toutes voiles dehors dans le dépistage des biais algorithmiques. Ainsi, Londa Schiebinger, professeure d'histoire des sciences à Stanford, et Cathy O'Neil, mathématicienne américaine, tirent la sonnette d'alarme dans des revues scientifiques[32]. Les GAFAMI (Google, Amazon, Facebook, Apple, Microsoft, IBM), qui investissent massivement dans l'IA, développent des tests pour repérer les biais dans les algorithmes : une pratique nommée « audit de l'IA ». Le logiciel Fairness Flow de Facebook détecte ainsi quand un algorithme émet un jugement sexiste, par exemple dans le cadre d'une recommandation pour un emploi. Microsoft entre dans la compétition en annonçant son propre instrument d'audit IA en mai 2018.

Cette course dans laquelle s'engagent les géants du numérique illustre bien l'urgence de s'attaquer aux stéréotypes.

Algorithmes et équité

Comment définir et mesurer l'équité ? Créer un algorithme équitable est difficile. L'exemple récent du programme COMPAS, développé par l'entreprise américaine NorthPointe, est parlant. COMPAS est un logiciel d'aide à la décision mis à disposition des juges, allant du choix du montant de la caution à la définition de la peine des prisonniers. Le programme génère des scores pour estimer la probabilité qu'un détenu commette un nouveau crime dans les deux ans à venir. Une équipe de journalistes de l'ONG ProPublica[33] a enquêté sur des milliers de scores : quasiment deux fois plus d'accusés noirs que d'accusés blancs correspondaient à des « faux positifs » (ils étaient identifiés à tort par le programme « à hauts risques de récidive »). Le scandale a été largement relayé par la presse. Les développeurs de COMPAS ont pourtant assuré que leur algorithme utilise la même méthode d'évaluation que l'accusé soit noir ou blanc. En fait, l'algorithme prend en compte des données socio-économiques. Or, historiquement, il se commet plus de crimes chez les groupes socialement défavorisés. Résultat : une corrélation automatique entre critères socio-économiques et délinquance. En outre, aux États-Unis, les plus défavorisés sont majoritairement des personnes de couleur noire. Pour l'algorithme, le lien entre délinquance et personnes noires est alors établi.

Faire reposer une décision de justice sur un algorithme est pratique… mais c'est au risque de compromettre une justice équitable et individualisée.

Ces problèmes éthiques ne sont pas nouveaux, mais pour les résoudre efficacement, de nouvelles approches interdisciplinaires, à l'intersection de l'informatique, de la philosophie, de l'éthique et des sciences politiques sont désormais convoquées. En 2018, la première conférence FAT (conférence sur l'équité, la responsabilité et la transparence des algorithmes) a regroupé plus de 450 personnes du monde de la recherche, de l'entreprise et de la politique à Atlanta. Arvind Narayanan, un chercheur de l'université de Princeton, a formulé pas moins de 21 définitions de l'équité. Selon lui, si les informaticiens et les statisticiens ont élaboré de très nombreux critères mathématiques pour définir ce que signifie l'équité dans le cas des algorithmes, c'est que « *La prolifération de ces critères représente une tentative de donner un sens technique à la compréhension sociale complexe et changeante de l'équité* ».

« Je pense que les questions éthiques relatives à la robotique et à l'intelligence artificielle seront un outil de compétitivité. »
Laurence Devillers, professeure à l'université Paris-Sorbonne, auteure de *Des robots et des hommes*. Plon, 2017

Détecter les biais

Les systèmes pour détecter et évaluer techniquement les biais algorithmiques sont en plein développement. Ils font appel à des logiciels et des bases de données « standards » certifiés par des entreprises qui en ont fait leur métier. Les solutions techniques avancent aussi à vitesse grand V dans les entreprises productrices d'IA. Elles ne sont sans doute pas seulement motivées par des préoccupations d'ordre éthique, mais également par des questions de réputation. Dans le monde de l'intelligence artificielle, prouver qu'on sait « résoudre un problème technique » est bon pour son image !

En juin 2018, Microsoft annonce la mise à jour de son application Face Detect afin de réduire les biais dans les algorithmes de reconnaissance faciale, et divise ainsi par neuf le taux d'erreur de l'identification des visages de femmes. Parmi les changements majeurs, le jeu de données d'apprentissage a été modifié afin d'y inclure davantage de photos des groupes sous-représentés, et la classification des femmes noires a été revue. La méthode de Microsoft reste opaque, et il faut noter que c'est uniquement parce qu'une jeune femme noire utilisait Face Detect au MIT que le problème a été corrigé. Cet exemple illustre bien l'importance d'une équipe diversifiée pour créer des outils inclusifs.

Le même mois, IBM, dont le programme de reconnaissance faciale a également été critiqué, met à disposition de ses pairs une collection de 36 000 images annotées et réparties à nombre égal en termes de couleur de peau, genre et âge. Cette base de données, dont ses auteurs souhaiteraient qu'elle devienne à terme un standard international, doit notamment aider les développeurs et développeuses à détecter si un biais est présent dans leur classification.

Réduire les biais

Des chercheurs s'attellent aussi à réduire les biais dans les algorithmes en « forçant » certains résultats. Dans l'étude imSitu/COCO évoquée plus haut, un algorithme amplifiait l'association « femme/cuisine » dans les corpus d'images. Plutôt que de laisser l'algorithme augmenter les biais existants, les chercheurs contraignent à présent le programme en lui imposant des limites[35] : ne pas associer « femme et cuisine » plus souvent que dans la base d'apprentissage. L'algorithme reste alors biaisé, car il reflète la réalité du contexte sociétal, mais ne renforce plus les biais.

ZOOM

En 1994, le gouvernement américain met à la disposition des entreprises un outil d'évaluation de performance des logiciels de reconnaissance faciale, Face Detector Vendor Test[34], qui détecte les biais de façon systématique. Seul bémol, il n'y a aucune obligation d'utilisation pour les entreprises.

Ces cas de « forçage » sont aussi utiles en traitement du langage, notamment dans le domaine du *word embedding* (« plongement lexical »), un ensemble de techniques dont le but est de déduire le lien entre les mots. De tels algorithmes sont entraînés sur des corpus de texte pour compléter des phrases telles que « Paris est à la France ce que Tokyo est au... Japon » ; « L'homme est au roi ce que la femme est à... la reine », etc. Des scientifiques proposent de modifier les algorithmes pour supprimer certaines associations sexistes de mots comme « L'homme est à l'informatique ce que la femme est au... ménage[36] ».

D'un point de vue éthique, il est légitime de vouloir supprimer les stéréotypes en supprimant les associations, mais le résultat de l'algorithme ne reflète alors plus la réalité de la société dans laquelle les tâches ménagères sont encore majoritairement effectuées par les femmes. Les associations qui seront interdites ou bien maintenues exprimeront alors la vision de la société propre aux développeurs·euses de l'algorithme.

On peut imaginer que chaque problème fera l'objet d'une solution spécifique. On supprimera ainsi les biais sexistes quand il s'agit de conseiller une carrière professionnelle, hommes et femmes devant être traités de façon identique. En revanche, dans le cas des diagnostics médicaux, il est légitime de faire la différence, comme le soulignent Muriel Salle et Catherine Vidal[37].

ZOOM
Fin 2018, un responsable du marketing chez Google Translate annonce que des traductions à la fois au féminin et au masculin seront à présent systématiquement proposées, notamment du turc vers l'anglais et de l'anglais vers le français.

De nombreux acteurs s'activent désormais pour inspecter tous les biais, approximations ou injustices possibles dans les applications de l'intelligence artificielle. Comment l'algorithme a-t-il été pensé ? Comment est-il évalué ? Comment a-t-il été codé ? Que contient le jeu d'apprentissage ? Certains groupes sont-ils discriminés dans les prédictions effectuées par les machines ? Dans le but de valoriser cette démarche, des labels « équitables » ont été créés. Le cabinet de consulting ORCAA (O'Neil Risk Consulting & Algorithmic Auditing) certifie ainsi les algorithmes de ses clients en vérifiant qu'ils répondent à un ensemble de critères. Ce processus de labellisation améliore la qualité des algorithmes et restaure la confiance des utilisateurs. Il évitera aussi le *bad buzz*, ou encore l'assignation en justice ! Les utilisateur·trices expert·es du domaine comme Londa Schiebinger suggèrent en outre de détailler avec précision la composition des données d'apprentissage : pour des photos, il s'agit de préciser l'origine géographique, le genre, l'ethnicité des personnes ; ou alors de faire appel à des bases d'apprentissage équitables.

> « Je sais comment les modèles sont construits, car je les construis moi-même, alors je sais que j'imprime mes valeurs dans chacun des algorithmes que je crée. »
>
> Cathy O'Neil, auteure de *Algorithmes, bombe à retardement*, Les Arènes, 2018

À noter : en France, la loi du 6 janvier 1978, dite « loi informatique et libertés », interdit de recueillir des informations sur l'origine « ethnique » – une pratique par ailleurs déclarée anticonstitutionnelle par les Sages en 2007. Entre transparence et respect de la Constitution, le flou demeure.

Réguler les algorithmes

La « loi informatique et libertés » a posé les éléments fondateurs de la régulation des algorithmes via trois principes :

l'encadrement de la collecte de données, l'interdiction qu'une machine puisse prendre seule une décision essentielle concernant un humain, et la possibilité pour les citoyen·ne·s d'obtenir des informations sur la logique et le fonctionnement des algorithmes. Cependant, la jurisprudence a évolué depuis 1978, et elle a rapidement montré un plus haut seuil de tolérance à l'égard des décisions automatisées. L'asymétrie d'information et de pouvoir entre les producteurs d'algorithmes et les utilisateurs n'a cessé d'augmenter[38] .

Pour renforcer l'effectivité du droit dans ce domaine, deux lois récentes ont été votées : la loi pour une République numérique en octobre 2016, et le Règlement général sur la protection des données (RGPD) au printemps 2018. Ce règlement européen, directement appliqué en France, est le plus ambitieux en matière de données et d'algorithmes. La majeure partie du texte est dédiée à la protection des données personnelles, mais un article entier traite des décisions automatisées. Il stipule que toute personne subissant une décision automatisée (attribution d'une place à l'université, soumission à un contrôle fiscal...) a le droit de demander une intervention humaine, d'exprimer son point de vue et de contester la décision. En France, c'est la CNIL qui est responsable de sa mise en œuvre.

Fin 2017, le mathématicien et député Cédric Villani a été missionné par le gouvernement pour mener une réflexion sur les stratégies nationales à adopter vis-à-vis de l'IA. Le rapport final, rédigé par un groupe d'experts[39] , suggère plusieurs mesures fortes à adopter pour une IA éthique et inclusive, parmi lesquelles on peut citer, sans entrer dans le détail : ouvrir les boîtes noires ; penser l'éthique de l'IA et la contrôler de la conception aux résultats en passant par l'analyse des données ; créer un comité d'éthique. Pour arriver à une meilleure représentation des femmes dans l'IA, le rapport suggère en particulier une politique incitative visant à atteindre un seuil de 40 % d'étudiantes dans les filières du numérique (classes préparatoires et filières des grandes écoles et des universités) d'ici 2020.

> « La personne concernée a le droit de ne pas faire l'objet d'une décision fondée exclusivement sur un traitement automatisé, [...] d'obtenir une intervention humaine de la part du responsable du traitement, d'exprimer son point de vue et de contester la décision. »
> *RGPD*, Article 22

Malgré des avancées majeures en termes de législation, la régulation des algorithmes est parfois un véritable casse-tête. En 2017, l'algorithme APB, qui attribue en France les places à l'université, est vivement critiqué pour son recours au tirage au sort lors de la répartition de certain·e·s étudiant·e·s. Il est alors remplacé par Parcoursup la même année. Dans une volonté de transparence, le gouvernement rend disponible une partie du code de ce nouvel outil. Cependant, la sélection finale des milliers de dossiers est désormais réalisée par chaque université à l'aide d'algorithmes dits « locaux ». Suspectant des inégalités d'accès à l'enseignement supérieur, des organisations comme l'UNEF (Union nationale des étudiants de France) se sont empressées de demander l'accès global à ces algorithmes, ce qui leur a pour l'instant été refusé. Les instances justifient ce refus par le fait que ces algorithmes ont seulement aidé à la décision, et que ce sont des humains qui ont finalement tranché.

Loyaux et intelligibles

Au-delà des textes de lois en vigueur, les acteurs et actrices dans le domaine, du Conseil d'État à la CNIL en passant par l'Inria, réfléchissent aux grands principes qui devraient encadrer l'utilisation des algorithmes. Un algorithme doit d'abord être « loyal », c'est-à-dire servir l'intérêt des utilisateurs et plus largement de la collectivité. Un algorithme doit aussi être intelligible : chacun·e doit être en mesure de comprendre les algorithmes qui le concernent et doit pouvoir obtenir qu'on lui explique en termes simples les décisions prises. Ces exigences soulèvent la question de la « responsabilité algorithmique » et donc, d'une façon générale, du statut juridique des machines. En cas de biais, est-ce la faute du développeur de l'algorithme, de celui qui a constitué la base de données, de l'utilisateur·rice qui s'en est servi ou de l'agence d'audit qui n'a pas su détecter les biais ?

Les exigences d'intelligibilité et de responsabilité peuvent être perçues comme des contraintes. Mais certains, comme Mireille Hildebrandt, professeure et spécialiste des interfaces lois et technologies à l'université Vrije de Bruxelles, y voient des opportunités ! Les avantages d'une meilleure régulation pour les acteurs économiques sont nombreux. Tout d'abord, la création de standards collectifs favorise le partage et les échanges à l'intérieur d'une communauté. La régulation aide les entreprises à adopter des comportements éthiques, et à ne pas être exclues du marché. Les objectifs d'équité influencent dans la bonne direction la recherche en *machine learning*. Un bon algorithme ne sera plus uniquement le meilleur prédicteur, mais le meilleur prédicteur équitable.

La régulation des algorithmes et les questions éthiques qui leur sont intrinsèquement liées sont au cœur des débats publics et privés en France aujourd'hui. De nombreuses solutions sont sur la table. En priorité, la formation, à tous les niveaux : celle des producteurs et productrices d'IA, pour les alerter sur leurs responsabilités et leur apprendre à éviter les biais ; celle des acteurs publics (locaux et nationaux), pour qu'ils prennent conscience des enjeux éthiques ; et enfin celle des citoyens et citoyennes, pour stimuler leur vigilance et leurs exigences sur les questions algorithmiques. Au niveau du contrôle, plusieurs pistes sont proposées par le rapport Villani, mentionné plus haut : création d'un comité national d'éthique, mise en place de procédures systématiques d'audit, tests de vérification

ZOOM

Qu'est-ce qu'une IA éthique ? Selon Emmanuelle Berthier, directrice des opérations d'Avanade (entreprise d'intégration de solutions), c'est une IA juste, inclusive, respectant la dignité humaine et la vie privée, sous la responsabilité de l'humain ; une IA qui soit digne de confiance, transparente et supportée par des programmes de formation.

ponctuels (par exemple sur des recrutements de profils identiques, mais de genres différents).

Détecter et réduire les biais sexistes de l'IA, c'est possible, à condition d'une vigilance accrue. Les outils sont actuellement limités, mais il faut s'en saisir. En outre, la technologie de l'IA n'est pas seule face au défi de l'éthique des algorithmes qui fait désormais l'objet en France de multiples débats publics et privés. Et avec les autres secteurs de l'économie, l'IA partage les contraintes, les innovations, les engagements et les bénéfices en matière d'égalité femmes-hommes.

ZOOM

En 2018, 77 % des entreprises de plus de 500 employés ont l'ambition de déployer au moins un projet d'IA. (Source Microsoft)

CHAPITRE 5

Objectif égalité

> *« Parce qu'il y a eu toutes sortes d'acquis légaux – ô combien fragiles ! –, [des jeunes femmes] s'imaginent qu'il n'y a plus rien à faire. Or il reste l'essentiel : changer les mentalités. »*
>
> Françoise Héritier, anthropologue

Tout commence très tôt. On ne peut pas employer des femmes dans le secteur de l'IA si elles n'accèdent pas aux formations. Elles n'accèdent pas aux formations si elles ne s'y projettent pas. Elles ne s'y projettent pas si on ne les y encourage pas ; et on ne les y encourage pas si les systèmes de représentation ne changent pas… On voit que le chantier est immense. Voici un tour d'horizon des solutions.

Intervenir dès l'enfance

Selon une étude publiée en 2017, les filles se croient moins intelligentes que les garçons dès l'âge de 6 ans. Certaines représentations de métiers deviennent alors genrées, et les petites filles sont moins attirées par les jeux censés être destinés à des enfants « très intelligents[40] ». Ces stéréotypes les découragent de poursuivre des carrières dites prestigieuses, auxquelles l'intelligence artificielle est souvent associée. Les médias et la sphère familiale jouent un rôle important, mais il revient à l'école la responsabilité d'offrir une éducation égalitaire, comme le rappelle le Haut conseil à l'Égalité[41]. Ce dernier recommande notamment un renforcement et une généralisation de l'éducation à l'égalité filles-garçons dans la formation initiale des personnels enseignants et d'éducation. Les leviers d'action sont multiples : accorder une attention égale aux filles et garçons dans les matières scientifiques, proposer des manuels scolaires qui citent des femmes scientifiques, valoriser les filles qui s'intéressent aux maths ; mais aussi changer l'image qu'ont les jeunes de l'informatique et des ordinateurs : tout n'est pas que jeux vidéo et robots ! Faire comprendre, dès le plus jeune âge, que ces machines sont indispensables dans toutes les professions y compris la médecine, l'éducation, l'art, la justice... D'après la CEE, 90 % des emplois actuels requièrent des compétences numériques.

ZOOM

L'entreprise GoldieBlox doit sa popularité à la vente de perceuses décorées d'étoiles, des jouets de construction aux couleurs vives (bleu, violet, rose, jaune, etc.)… Et les mascottes sur les boîtes de jeux sont toujours des filles ! But : faire développer aux filles des compétences typiques d'ingénieur.e. Sa devise ? « Faire, c'est croire en soi. »

Des industries du jouet évoluent. Ce n'est pas trop tôt, car depuis les années 1990, sous l'influence de méthodes agressives de marketing, la séparation des univers de jeu des filles et des garçons s'est accélérée : « *les jouets pour garçons renvoient au monde extérieur et à la compétition dans un monde hostile où le joueur est poussé à l'action et à la réussite ; les jouets pour filles sont tournés vers l'intérieur, vers un monde de magie et de glamour* », dénonçait un rapport du Sénat daté de 2014. En 2018, une Barbie ingénieure en robotique a vu le jour chez le fabricant de jouets Mattel (en partenariat avec une plateforme d'initiation ludique au code informatique), ainsi que des figurines Lego de femmes scientifiques et, cerise sur le gâteau, des catalogues de Noël non genrés. En France, des associations interviennent dans les écoles pour présenter les sciences et les technologies auprès des jeunes filles : Femmes et Science, Femmes Ingénieurs, WAX Science, Elles Bougent, Femmes et Mathématiques…

> « Enseigner est un métier qui s'apprend, enseigner de manière égalitaire s'apprend également. »
>
> Isabelle Collet, maître d'enseignement et de recherche à l'université de Genève.

Former pour donner envie

L'apprentissage du code pour les jeunes filles se fait aussi hors de l'école. Aux États-Unis, des associations comme Girls Who Code et AI4ALL s'adressent directement aux adolescentes et lycéennes pour les former à la programmation. Tout un parcours leur est proposé, depuis les cours jusqu'à l'accompagnement dans leur orientation professionnelle. Plus de 90 000 adolescentes ont franchi les portes de Girls Who Code à ce jour. Elles choisissent l'informatique comme voie professionnelle avec un taux 15 fois supérieur à la moyenne nationale.

Lancée en 2015 par le gouvernement français, la Grande École du Numérique est un réseau de 400 formations aux métiers du numérique, notamment en programmation et développement; elle s'engage à accueillir au moins 30 % de femmes dans son vivier d'étudiant.e.s. La (longue !) liste des entreprises partenaires, de Microsoft France à la Société Générale en passant par Orange, laisse espérer que tout ou partie des femmes formées accédera à des postes dans le secteur.

En France, la nouvelle formation en intelligence artificielle de Microsoft cherche à atteindre la parité au plus vite : 30 % de femmes dans sa première promotion en 2018, avec un objectif de 50 % dans le viseur. Des programmes de formation à l'informatique dédiés aux femmes apparaissent, tels #Hackeuses et #misscode de Simplon.co, et Ambition Féminine de ParisCode, lancé par la ville de Paris. Aux États-Unis, depuis 2006, le collectif Women in Machine Learning organise des ateliers pour augmenter les effectifs des femmes dans le secteur, améliorer leur formation, et mettre en valeur leur influence.

Des changements en faveur de la parité peuvent être mis en œuvre à l'échelle d'une université. Le test grandeur nature a été effectué dès les années 1990 par l'université Carnegie Mellon, aux États-Unis. Une politique de recherche-action volontariste y a mené à des résultats impressionnants. En l'espace de cinq ans (de 1995 à 2000), le nombre de femmes inscrites en licence d'informatique est passé de 9 % à 42 %, et le taux d'abandon après deux ans d'études de 60 % à 10 % (le même que celui des étudiants masculins). Le secret ? Un diagnostic approfondi des motivations des étudiantes et des freins qu'elles rencontrent, pour ensuite transformer le cursus de l'école. À Epitech, une grande école d'informatique, c'est une association, E-mma, qui œuvre pour plus d'égalité à travers le soutien et la valorisation de ses étudiantes. Ambition féminine, la formation au numérique en 2 ans de Web@cadémie, est basée sur la pédagogie mise au point par Epitech ; elle recrute des femmes à partir de 18 ans, avec ou sans bac.

ZOOM

Les transformations opérées à l'université Carnegie Melon s'articulent autour de trois piliers : la culture, le curriculum et le soutien. Des cours visant à limiter l'écart entre les étudiant·es durant les premiers mois ont été mis en place, de même qu'un réseau de soutien pour favoriser le développement de la confiance en soi.

Le monde du travail, inégalitaire, terreau d'initiatives égalitaires

Lancée en juillet 2018, la fondation Femmes@Numérique regroupe 30 associations et 42 entreprises françaises. Elle a pour but de promouvoir la féminisation des métiers du numérique ; elle finance notamment des formations pour les filles, dès le plus jeune âge, et pour les femmes en recherche d'emploi.

Les GAFAMI ont bien compris que la compétitivité se joue sur la multiplicité des talents et ont toutes développé des programmes dédiés à la diversité. Les objectifs sont multiples : faire progresser le nombre de femmes aux fonctions techniques et de leadership ; promouvoir les métiers du numérique auprès des jeunes filles, limiter l'impact des stéréotypes sexistes… Comme la plupart des entreprises high-tech, elles favorisent pour toutes et tous le télétravail, qui réduit les temps de transport, diminue le présentéisme des femmes et des hommes dans l'entreprise, et favorise le partage des tâches entre les parents. D'ambitieux programmes de formation sont lancés ; Google, par exemple, partage une série de formations en ligne sur les biais sexistes : comment éliminer les idées reçues lors de l'examen des CV, comment sensibiliser ses employés aux comportements ambigus…

Notons également des initiatives dédiées aux mères au Royaume-Uni : Mums in Technology, lancée par June Angelides, propose les premiers cours de code adaptés aux femmes qui veulent se former à l'informatique pendant leur congé maternité ; l'organisation de formation privée Digital Mums, fondée par Nikki Cochrane et Kathryn Tyler en 2012, a déjà accueilli plus de 1 800 mamans.

La pression réglementaire

En France, l'égalité professionnelle est encadrée par des lois de plus en plus contraignantes, et intégrée dans les négociations syndicales. Les entreprises de plus de 250 personnes sont tenues de publier leurs plans d'action en faveur de l'égalité (diagnostic, mesures, statistiques genrées, et évolution de situation des femmes, avec un focus sur la mixité des métiers). L'égalité des salaires – nerf de l'autonomie et de l'égalité des choix pour les femmes – est désormais assortie d'obligations de résultat sous peine de sanctions allant jusqu'à 1 % de la masse salariale. Des palmarès sont régulièrement publiés pour pointer les mauvais élèves et récompenser les meilleurs. Des labels très médiatisés comme le « label égalité » sont attribués aux entreprises les plus engagées.

> « Nous, les femmes, nous sommes la moitié du ciel et même un peu plus. Nous entendons être la moitié de tout, pas vos moitiés, la moitié de tout. Et surtout, surtout, être au moins la moitié partout où se prennent les décisions. Le monde qui vient devra s'habituer partout à la présence partout, la présence forte de nos filles, de vos filles. »
>
> Christiane Taubira, femme politique, en 2017

Ces mesures ont été prises sous la houlette des ministères successifs responsables des Droits des femmes depuis les années 1970 (avec des terminologies différentes), souvent en association avec les ministères du Travail. Elles doivent beaucoup à l'action des associations militantes généralistes, comme Femmes solidaires, ou directement impliquées dans l'égalité professionnelle, comme BPW (Business and Professional Women), PWN (Professional Women and Network), le Laboratoire de l'égalité (association mixte), sans oublier les réseaux de femmes internes des grandes entreprises ou interentreprises, comme le Cercle InterElles, qui regroupe des entreprises scientifiques et techniques, ou des réseaux plus spécialisés dans le numérique, comme Femmes et Informatique, Femmes du Numérique et bien d'autres.

Être vues pour exister

Augmenter l'influence des femmes, cela passe évidemment par une meilleure reconnaissance ! Avec 90 % d'éditeurs masculins sur Wikipédia, rien d'étonnant à ce que peu de biographies concernent des femmes (moins de 20 % sur les articles anglophones). Alors que l'encyclopédie en ligne attire 32 millions de vues par jour, difficile d'imaginer que ces mauvais chiffres soient sans conséquence sur l'image des femmes dans le monde. Pour y remédier, le projet WikiProject Women Scientists, ouvert à tous, coordonne les efforts des éditeur.rice.s volontaires pour rédiger et compléter des articles sur les femmes scientifiques. Côté francophone, sur les 547 599 biographies disponibles sur Wikipédia en

ZOOM

En août 2018, la société américaine Primer dévoile sa nouvelle arme contre la sous-représentation des femmes sur Wikipédia : un algorithme égalitaire ! Il génère automatiquement des mini-biographies de scientifiques méritant d'être sur Wikipédia. 50 % concernent des femmes scientifiques.

octobre 2018, 17 % concernent des femmes. En France, des journées contributives (ou éditathons), centrées sur les « Femmes de science », sont régulièrement organisées à la Cité des sciences et de l'industrie en partenariat avec la Fondation L'Oréal et Universcience et dans toute la France par les centres de médiation de culture scientifique technique et industrielle (CCSTI) tels que La Casemate à Grenoble.

Les engagements individuels comptent pour beaucoup. En un an, la physicienne Jess Wade a ainsi écrit 270 biographies de femmes scientifiques. Un travail titanesque, mais à l'impact considérable. Autre exemple : la Fondation L'Oréal dédie chaque année un prix à des femmes pour les récompenser de la qualité de leurs travaux scientifiques ; les visages des gagnantes apparaissent chaque année sur des affiches en grand format dans tous les aéroports de Paris. De beaux rôles modèles pour les jeunes filles !

ZOOM

« Jamais sans elles » est une association promue par une centaine d'entrepreneurs favorables à la mixité dans le monde numérique. Ces derniers refusent par exemple de participer à toute manifestation où des femmes ne sont pas associées ! Un bon réflexe à avoir…

Les femmes absentes des statistiques

Dans de nombreux pays, et dans tous les secteurs, les femmes demeurent moins éduquées, sont moins payées, jouissent moins de leurs droits, et disposent moins de leur corps que les hommes. Des chiffres le prouvent. Ils sont issus de données « désagrégées » par sexe, c'est-à-dire de données collectées et présentées séparément pour les hommes et pour les femmes. Ils révèlent les décalages de traitement et fournissent une mesure des évolutions de l'égalité entre les femmes et les hommes. Malheureusement, ces données genrées sont rares. Un large fossé subsiste entre le nombre de données disponibles sur les hommes et celles qui concernent les femmes : c'est le *gender data gap*.

Un rapport de l'OCDE publié en 2017 montre que la majeure partie des données récoltées par les institutions laissent les femmes sur le banc de touche. On dispose de beaucoup moins d'informations sur leur lieu de naissance, sur leurs horaires de travail, sur ce qu'elles gagnent et sur les violences dont elles sont victimes. Le *gender data gap* concerne tous les secteurs : la santé, l'éducation, l'économie, la politique, la sécurité... Dans de nombreux domaines, l'information sur le genre est carrément absente, ce qui empêche la désagrégation. Pire encore, la collecte de données est parfois « sexiste », et exclut *de facto* les femmes des sondages, soit parce qu'elles ne sont pas interrogées, soit parce que les questions sont formulées de telle façon qu'elles ne se sentent pas concernées[42] .

En 2016, les Nations Unies ont défini « 17 objectifs de développement durable » pour mettre fin à toutes les formes de pauvreté d'ici 2030. Adopté par les dirigeants du monde lors d'un sommet historique en septembre 2015, l'objectif 5 engage les signataires à « parvenir à l'égalité des sexes, et autonomiser toutes les femmes et les filles ». Le thème de l'égalité entre les sexes est en outre présent dans d'autres objectifs : malnutrition, pauvreté, santé, travail. Bonne nouvelle ! Mais seuls 41 % des pays dans le monde produisent régulièrement des statistiques de violences faites aux femmes ; seuls 15 % des pays ont adopté des législations qui demandent explicitement des études de genre spécialisées ; et seuls 13 % des pays ont alloué un budget aux statistiques genrées. En l'absence des données, comment fournir des indicateurs fiables, et donc mettre en place des politiques efficaces ? Dans un monde où de plus en plus de décisions sont prises par les algorithmes, l'inégale représentation des femmes et des hommes dans les bases de données d'apprentissage risque de peser lourd. Et tant que les femmes ne se trouveront pas dans les instances de décision, le tir ne sera probablement pas rectifié...

Combler le *gender data gap*

En attendant de nouvelles mesures de l'ONU, les initiatives sur le terrain foisonnent. Aux États-Unis, l'ONG Data2X et la fondation Bill et Melinda Gates tentent de combler l'écart statistique entre les genres. Elles s'inscrivent dans un mouvement baptisé Gendered Data Revolution, qui promeut notamment l'utilisation de nouveaux générateurs de données, comme les objets connectés et téléphones portables, couplés aux techniques d'intelligence artificielle. Un exemple frappant est celui de l'outil Girl Roster, qui a été mis en place dans des pays en développement par l'ONG Population Council : munis d'un téléphone portable, des volontaires visitent des communautés en porte-à-porte, questionnent les habitants sur le quotidien des jeunes filles et enregistrent les réponses qui sont rapidement transmises et analysées. Les résultats ont révélé que certains programmes d'aide n'atteignent même pas la communauté dans laquelle ces adolescentes évoluent, ce qui a permis de les adapter rapidement ! En Amérique latine, l'ONG Data2X a réalisé l'analyse genrée des données anonymisées de cartes de crédit : les résultats renseignent sur les dépenses faites par les femmes, qui reflètent leurs besoins et leurs priorités. La même ONG a montré que l'analyse des données de Twitter permettait d'identifier correctement dans 96 % des cas des signes précoces de dépression chez les utilisatrices d'Inde, d'Afrique du Sud, d'Angleterre et des États-Unis[43] .

ZOOM

L'association WAX Science a mis au point l'application ItCounts, qui collecte des données sur l'égalité femmes-hommes de façon collaborative : proportion de femmes et d'hommes dans une réunion, temps de parole respectifs, repérage des interlocuteurs qui coupent la parole (et à qui), champ lexical utilisé…

L'IA, levier de l'égalité

L'intelligence artificielle est contaminée par les inégalités, mais elle possède un atout pour aider tous les secteurs à progresser vers l'égalité : les algorithmes constituent de nouvelles armes pour débusquer les biais, les mesurer, les rendre visibles et en corriger.

En mars 2017, plusieurs chercheurs se posent la question suivante : l'IA peut-elle devenir un détecteur de discriminations dans les entreprises ? En se basant sur 7200 photos issues des conseils d'administration des 500 plus grandes entreprises au classement Forbes 2016 Global 2000, les chercheurs arrivent, grâce aux réseaux de neurones, à déterminer le sexe, l'ethnicité, et l'âge des personnes sur les photos. Ils les comparent aux pourcentages de femmes dans la population générale des pays dont les entreprises sont originaires[44] . Les femmes représentent seulement 21,2 % des cadres dirigeants, un chiffre peu glorieux ! À l'exception de H&M en Suède, toutes les compagnies affichent un pourcentage de femmes bien en dessous de la part des femmes dans la population active du pays d'origine. Vingt-trois des plus grandes entreprises mondiales, majoritairement en Chine et au Japon, n'ont pas une seule femme dans leur conseil d'administration. Zé-ro. La discrimination n'est plus seulement ressentie, ou témoignée : elle est quantifiée à l'échelle internationale grâce à l'IA, qui est capable de créer de la connaissance quand les données sont difficiles à collecter par des moyens classiques.

« Quand on ne compte pas les femmes ou les filles, elles deviennent littéralement invisibles. »

Sarah Hendriks, directrice de « l'égalite des genres » à la Fondation Bill et Melinda Gates

Autre exemple : sur une fiche de poste, une IA saura identifier les éléments de langage qui favorisent la candidature d'un sexe par rapport à l'autre[45] . Ainsi, les postes qui demandent « de l'audace, une capacité d'exécution » encouragent plutôt les hommes à postuler, alors que des postes qui requièrent « de la transparence, de la mise en relation » encouragent plutôt la candidature de femmes. La capacité à analyser le champ lexical de milliers de fiches de postes ainsi que celle des candidats n'est possible que grâce à l'IA.

> « Il nous a été démontré que la donnée est l'outil le plus incroyablement puissant pour rendre les biais inconscients visibles, pour convaincre les gens qu'ils existent, et qu'on peut faire quelque chose ! »
>
> Geena Davis, actrice et productrice américaine, fondatrice en 2007 du Geena Davis Institute on Gender in Media

Pourquoi ne pas proposer que toutes les fiches de postes passent dans un algorithme de « détection de langage genré » avant d'être publiées ?

En 2016, Google décide d'analyser la représentation des femmes dans les films. L'absence de premiers rôles au féminin est non seulement injustifiée, mais renforce l'idée que les femmes tiennent un rôle secondaire dans la société. Grâce à des approches de *machine learning*, l'ingénieur Hartwig Adam a analysé les 100 films les plus rentables aux États-Unis entre 2014 et 2016. Son algorithme décompte le ratio de femmes dans les films, ainsi que leur temps de présence et leur temps de parole – une sorte de version 2.0 du test de Bechdel ! Le résultat est sans appel : elles représentent 36 % de la présence des acteurs à l'écran, 35 % du temps de parole total, et sont plutôt invisibles dans les films qui obtiennent des prix internationaux. Grâce à ces chiffres et à une communication musclée, Google a enclenché une prise de conscience et un changement de comportement et chez certain·es réalisateurs·trices, acteurs et actrices, et sensibilisé le grand public. À quand la version française du test[46] ?

« *Ce qui ne se mesure pas, n'existe pas* » a dit le physicien Niels Bohr. Or, l'IA fournit des instruments de mesure et des chiffres – beaucoup de chiffres ! – pour des diagnostics imparables sur les inégalités de traitement entre les femmes et les hommes. Ils légitiment les revendications des femmes auprès des décideurs publics et privés...

ZOOM

Un film passe le test de Bechdel si la réponse aux trois questions suivantes est positive : présente-t-il deux femmes identifiables par un nom ?
Ces deux femmes discutent-elles ensemble ?
Si oui, parlent-elles d'autre chose que d'un personnage masculin ?
Depuis son invention en 1985 par l'auteure de bandes dessinées Alison Bechdel, seuls 57 % des 7 760 films examinés ont passé le test.

En route pour l'égalité ?

Les initiatives se multiplient. La plupart concernent l'orientation des petites et jeunes filles vers les métiers du numérique et vers l'IA. Mais même si l'orientation était plus égalitaire, ce qui est loin d'être gagné tellement les résistances sont fortes, il faudrait deux décennies avant que des promotions égalitaires n'émergent. Et probablement trois ou quatre avant qu'on n'arrive à dépasser les maigres 10 % de femmes décisionnaires dans cet univers. Les initiatives citées plus haut pour faire de l'IA un facteur d'égalité sont encore embryonnaires, et aux mains du bon vouloir des entreprises leaders du secteur. Or, c'est maintenant que les enjeux de l'IA se déterminent.

Des pistes institutionnelles qui font consensus sur le papier doivent être sérieusement envisagées : formations (obligatoires) sur l'égalité femmes/hommes en écoles d'informatique et d'ingénieurs ; formations à l'égalité (sensibilisation aux stéréotypes et biais de sexe) aux étudiant·es, enseignant·es et chercheurs·es en informatique et IA ; accompagnement des femmes qui travaillent actuellement dans l'IA ; instauration de quotas de 35 % à 40 % de femmes aux niveaux stratégiques du développement et de contrôle de l'IA ; promulgation d'une charte éthique pour garantir des données exemptes de stéréotypes et d'inégalités de sexes, etc.

> « Les femmes sont une source de talents inexploitée qui peut aider à réduire les écarts entre les compétences nécessaires aux entreprises pour rester concurrentielles et les talents (réellement) disponibles sur le marché du travail. »
>
> Pierre Nanterme, PDG d'Accenture

Innovations techniques, encadrements institutionnels, évolution des entreprises, les chemins vers l'égalité entre les sexes se précisent…

CONCLUSION

« La morale est supérieure à la valeur de l'intelligence, et j'ajouterais : dieu merci ! »
Albert Einstein

Objet des fantasmes les plus fous, source de terreurs et d'espoir inconsidérés, l'intelligence artificielle, concentré de technologies modernes et innovantes, est entrée dans nos vies. C'est un train lancé à grande vitesse, mais jusqu'à preuve du contraire, ce sont des humains qui sont aux commandes et responsables de sa destination. Des humains, oui ; mais 85 % d'hommes, blancs en majorité, formés dans le même moule, et qui formatent à leur tour les algorithmes.

Mais l'absence de femmes dans le domaine de l'IA n'est pas une fatalité. La prise de conscience est double. L'IA transforme notre société et cette transformation ne peut être conçue et mise en œuvre uniquement par des hommes. Entreprises, gouvernements, universités, associations, les initiatives se multiplient. Atteindre l'égalité n'est pas seulement possible, mais nécessaire. À défaut de pouvoir passer du jour au lendemain de 15 % à 50 % de femmes dans le secteur, y compris aux niveaux décisionnels, fixer des objectifs ambitieux et inscrits dans le temps est impératif. Ainsi que l'a démontré Rosabeth Kanter, professeure en management des entreprises à la Harvard Business school, il faut à minima 35 % de femmes pour induire de vrais changements dans un milieu masculin. Fixer ce seuil comme le premier palier à atteindre dans les cinq ans qui viennent serait un pas dans la bonne direction. Plus que la parité, la culture de l'égalité, dont on sait qu'elle bénéficie à la fois aux femmes et aux hommes, doit s'instaurer. Non, ce qui attire les talents aujourd'hui, masculins comme féminins, dans les entreprises, ce ne sont pas les babyfoots, tables de ping-pong et paniers de basket, mais des perspectives de progression, un équilibre entre la vie professionnelle et personnelle et une ambiance bienveillante. Il faut mettre un terme aux stéréotypes qui sont liés à la culture geek. Ceux-ci sont dévastateurs pour les hommes comme pour les femmes.

> « La rareté des femmes dans un secteur qui est en train de modeler notre avenir à marche forcée n'est plus admissible. »
>
> Emily Chang, journaliste américaine, auteure de *Brotopia*

Mélanger les genres

Les bénéfices de la mixité sont désormais prouvés : d'une part sur le terrain par celles et ceux qui peuvent la vivre, et d'autre part par les études des organismes qui analysent périodiquement et régulièrement les résultats des entreprises dans le monde à l'aune de parité. Ces travaux renvoient inexorablement à la mixité des équipes et des prises de décision, au mélange hautement souhaitable des points de vue et des talents des deux sexes constitutifs à parts égales de la société, seul garant d'une objectivité durable des programmes et d'une culture de l'égalité. Et comme pour toutes les entreprises engagées dans l'égalité, cela induit une évolution de l'image sexuée des disciplines et des métiers, une orientation neutre dès le lycée, une formation à l'égalité des instituteurs et enseignants scolaires et universitaires, ainsi qu'une grande vigilance des entreprises à la mixité des recrutements, des grilles de salaires, des formations et des promotions. Enfin et surtout – c'est d'ailleurs exigé par les lois sur l'égalité –, la publication de statistiques genrées témoignant de leur progrès dans le domaine de l'égalité entre les sexes. L'IA a tout intérêt à évoluer, d'autant plus qu'elle recherche sans cesse des talents nouveaux dont elle manque cruellement.

L'égalité dans le milieu de l'intelligence artificielle n'est pas qu'une question d'opportunités professionnelles ; en effet, celui qui code intègre sa vision du monde. Les algorithmes sont aujourd'hui biaisés, notamment au détriment des femmes. Ils reflètent, propagent, amplifient les inégalités sexistes de notre société. L'échelle à laquelle ils se déploient et leur apparente neutralité doivent générer une vigilance accrue. La bonne nouvelle ? Pouvoirs publics, régulateurs, entreprises, chercheurs et chercheuses, associations sont sur la brèche pour s'engager dans la lutte contre les

5 milliards de dollars : c'est le volume que représentera le marché de l'IA à compter de 2020 selon les experts de MarketsandMarkets. Son périmètre ? Tout, ou presque : médias, publicité, distribution, finance, assurances, santé, logistique… et robotique évidemment. La croissance du chiffre d'affaires total réalisé par les entreprises de l'IA devrait tourner autour des 53 % entre 2015 et 2020.

stéréotypes véhiculés par les IA. Les chercheurs travaillent sur des solutions techniques dont certaines sont déjà opérationnelles : traque des algorithmes douteux, révision des bases de données et d'apprentissage, fixation de contraintes aux programmes, généralisation des statistiques genrées… Au-delà de la correction des biais, le code source peut être modifié pour refléter la société non plus telle qu'elle existe, mais telle qu'elle doit être, égalitaire. La révolution algorithmique doit permettre d'accomplir cette vision.

Il est plus facile de changer des lignes de code que des mentalités. Ne laissons pas passer cette chance ! Transformons l'intelligence artificielle et ses concepteurs·rices pour transformer toute la société.

Notes bibliographiques

1 Cédric Villani *et al.*, *Donner un sens à l'intelligence artificielle : pour une stratégie nationale et européenne*, Rapport public de mission remis en mars 2018.

2 Cédric Villani, Charles Torossian, *21 mesures pour l'enseignement des mathématiques*, rapport remis au ministre de l'Éducation nationale le 12 février 2018.

3 Données Apec et statistiques INSEE 2015.

4 *France Intelligence artificielle*, rapport de synthèse, ministère de l'Éducation nationale, de l'Enseignement supérieur et de la Recherche, mars 2017.

5 *Preparing for the Future of Artificial Intelligence*, rapport de synthèse de l'Executive Office of the President. National Science and Technology Council, Committee on technology, octobre 2016.

6 Winifred R. Poster, « Cybersecurity needs women », *Nature* 555, 577-580, 2018.

7 *Women in IT : The Facts Infographic*, National Center for Women and Information Technology, 2016.

8 Josh Terrell *et al.*, « Gender differences and bias in open source : pull request acceptance of women versus men », *PeerJ Computer Science* 3 : e111.

9 Emré Sarbark, message Facebook du 20 novembre et tweet du 28 novembre 2017.

10 Tolga Bolukbasi *et al.* « Man is to Computer Programmer as Woman is to Homemaker ? Debiasing Word Embeddings. », *arXiv* : 1607.06520 [cs.CL].

11 Jeffrey Dastin, « Amazon scraps secret AI recruiting tool that showed bias against women », *Reuters*, 10 octobre 2018.

12 Amit Datta *et al.*, « Automated Experiments on Ad Privacy Settings. A Tale of Opacity, Choice, and Discrimination. » *Proceedings on Privacy Enhancing Technologies* 2015 ; (1) : 92–112.

13 Linda J. Sax et al., « Anatomy of an Enduring Gender Gap : The Evolution of Women's Participation in Computer Science », *The Journal of Higher Education*, 2017, 88 : 2, 258-293., 2017.

14 Rachel Ivie, Katie Stowe, *Women in Physics*, 2000, American Institute of Physics, 2000.

15 Jane Margolis, Allan Fisher, *Unlocking the Clubhouse : Women in Computing*, MIT Press, 2002.

16 Voir notamment la publicité Texas Instruments : « Two Bytes Are Better Than One », datée de juillet 1978.

17 M. Johns, T. Schmader, A. Martens, « Knowing is half the battle : teaching stereotype threat as a means of improving women's math performance », *Psychol Sci*, 2005 Mar ; 16(3):175-9.

18 BA Nosek, « National differences in gender-science stereotypes predict national sex differences in science and math achievement », *PNAS* 2009 Jun 30; 106(26):10593-7.

19 Françoise Vouillot, *Les métiers ont-ils un sexe ? Pour sortir des sentiers battus*, Belin, 2014.

20 Isabelle Collet, *L'école apprend-elle l'égalité des sexes ?*, coll. Égale à Égal, Belin, 2016.

21 Isabelle Collet, *L'école apprend-elle l'égalité des sexes ?*, coll. Égale à Égal, Belin, 2016.

22 Sarah-Jane Leslie *et al.*, « Expectations of brilliance underlie gender distributions across academic disciplines », *Science* 2015 Vol. 347, Issue 6219, pp. 262-265.

23 C. Isaac *et al.*, « Do Students'and Authors' Genders Affect Evaluations ? A Linguistic Analysis of Medical Student Performance Evaluations », *Acad Med.* 2011 Jan ; 86(1):59-66.

24 CA Moss-Racusin et al., « Science faculty's subtle gender biases favor male students », *PNAS* 2012, 109(41):16474-9.

25 James Zou, Londa Schiebinger, « Design AI so that it's fair », *Nature*, Vol 559, 12 July 2018.

26 Lydia Dishman, « The Hidden Gender Bias In Google Image Search », *Fast Company*, 22 avril 2015.

27 Emiel van Miltenburg, « Stereotyping and Bias in the Flickr30K Dataset », *arXiv* : 1605.06083 [cs.CL].

28 Jieyu Zhao *et al.*, « Men Also Like Shopping : Reducing Gender Bias Amplification using Corpus-level Constraints », *arXiv* : 1707.09457.

29 Louise Matsakis, « Even Anonymous Coders Leave Fingerprints », *Wired*, 10 août 2018.

30 Michel Ferrary, publications de l'Observatoire SKEMA de la féminisation des entreprises : www.skema-bs.fr.

31 Joy Buolamwini, Timnit Gebru, « Gender Shades : Intersectional Accuracy Disparities in Commercial Gender Classification », *PMLR* 81 : 77-91, 2018.

32 James Zou, Londa Schiebinger, *op. cit.*

33 Julia Angwin *et al.*, « Machine Bias. There's software used across the country to predict future criminals. And it's biased against blacks », *ProPublica*, 23 mai 2016.

34 « Face Recognition Vendor Test (FRVT) », projet du National Institute of Standard and Technology.

35 Jieyu Zhao *et al.*, *op. cit.*

36 Tolga Bolukbasi *et al.*, *op. cit.*

37 Muriel Salle et Catherine Vidal, *Femmes et santé, encore une affaire d'hommes ?*, Belin, 2017.

38 *Comment permettre à l'homme de garder la main ? Les enjeux éthiques des algorithmes et de l'intelligence artificielle*, rapport de la CNIL 2017.

39 Cédric Villani *et al.*, *op. cit.*

40 Lin Bian, Sarah-Jane Leslie, Andrei Cimpian, « Gender stereotypes about intellectual ability emerge early and influence children's interests » *Science* 2017, Vol. 355, Issue 6323, pp. 389-391.

41 *Formation à l'égalité filles-garçons : Faire des personnels enseignants et d'éducation les moteurs de l'apprentissage et de l'expérience de l'égalité*, rapport du Haut Conseil à l'égalité, 2016.

42 « Closing the Gender Data Gap. How Efforts to Collect Data About Women and Girls Drive Global Economic and Social Progress », post payant par la Fondation Bill et Melinda Gates, *New York Times*.

43 *Big Data and the Well-Being of Women and Girls Applications on the Social Scientific Frontier*, rapport de Data2X, avril 2017.

44 Konstantin Chekanov *et al.*, « Evaluating race and sex diversity in the world's largest companies using deep neural networks », *arXiv* : 1707.02353.

45 « Language in your job post predicts the gender of your hire », *Textio*, 21 juin 2016.

46 Brigitte Rollet, *Femmes et cinéma, Sois belle et tais-toi !*, coll. Égale à Égal, Belin, 2017.

Sitothèque

• Women In machine learning
https://wimlworkshop.org/

• Des outils développés par l'association WAX Science
www.wax-science.fr/le-kit-dactions-des-decouvreuses-anonymes/
www.wax-science.fr/itcounts-app/#/home

• L'association E-mma à l'Epitech
www.e-mma.org/

• Le programme de Google dédié à la diversité
https://diversity.google/

• Portail du projet Wikipédia « Women scientists »
https://en.wikipedia.org/wiki
Wikipedia:WikiProject_Women_scientists

• L'ONG Data2X sur l'écart de données genrées
www.data2x.org/

• Algorithmic Justice League project
www.notflawless.ai/

• ONG OpenAI
https://openai.com/about/

• O'Neil Risk Consulting & Algorithmic Auditing
www.oneilrisk.com/

• Le site de la CNIL
www.cnil.fr/fr/ethique-et-intelligence-artificielle

• Le site du gouvernement français dédié à l'IA
www.aiforhumanity.fr/

• Le site du secrétariat d'État chargé de l'Égalité entre les femmes et les hommes et les discriminations
www.egalite-femmes-hommes.gouv.fr/

• Le site du ministère du Travail
https://travail-emploi.gouv.fr/

• Le site du Laboratoire de l'Égalité
www.laboratoiredelegalite.org

Dates Clés

1843 Ada Lovelace écrit ce qui est considéré comme le premier programme informatique.

1950 Alan Turing, considéré comme un des « pères » des ordinateurs, définit le test du même nom ; ce test est destiné à évaluer la capacité d'une intelligence artificielle à imiter la conversation humaine.

1952 Grace Hopper conçoit le premier langage de haut niveau, qui facilite le travail du programmateur.

1956 Pionnier du domaine, l'Américain Marvin Lee Minsky définit l'IA comme « la construction de programmes informatiques qui s'adonnent à des tâches qui sont, pour l'instant, accomplies de façon plus satisfaisante par des êtres humains car elles demandent des processus mentaux de haut niveau tels que : l'apprentissage perceptuel, l'organisation de la mémoire et le raisonnement critique ».

1965 Mary Allen Wilkes développe le premier système d'exploitation pour mini-ordinateurs.

1969 Margaret Hamilton développe les logiciels de navigation de la mission Apollo 11 vers la Lune.

1984 37 % des diplômés en informatique aux États-Unis sont des femmes.

1970-1986 Les stéréotypes genrés autour des ordinateurs personnels se construisent; chute de la présence des femmes dans le secteur.

Années 1990 Les méthodes agressives de marketing accélèrent la séparation des univers de jeu des filles et des garçons.

1997 Le supercalculateur Deep Blue d'IBM bat le champion du monde d'échecs Garry Kasparov.

2006 Frances E. Allen devient la première femme récipiendaire du prix Turing, le « prix Nobel de l'informatique », pour son travail sur les compilateurs.

2014 Loi no 2014-873 pour l'égalité réelle entre les femmes et les hommes.

2016 Loi pour une République numérique.

2017 Coup de maître de Google DeepMind : l'IA AlphaGo bat le champion du monde en titre du jeu de go, Ke Jie.

2018 Le rapport parlementaire du député Cédric Villani « Donner un sens à l'intelligence artificielle » pose les bases d'une stratégie nationale ambitieuse pour la France en matière d'IA.

Loi pour la liberté de choisir son avenir. Les entreprises ont 3 ans pour mettre achever l'égalité salariale ; un index de l'égalité salariale composé de 5 critères est mis en place.

Lancement des premiers outils d'audit d'algorithmes, qui permettent de détecter si un algorithme émet un jugement sexiste.

Google Translate propose une version féminine et une version masculine dans ses traductions en français depuis l'anglais.

Chiffres clés

32 % des emplois actuels vont disparaître ou être profondément transformés par l'intelligence artificielle.

46,7 % des terminales S sont des filles.

Les filles représentent **29 %** des étudiants en école d'ingénieur.

12 % des chercheur·se·s en IA sont des femmes.

12 % des employé·e·s du secteur numérique en France sont des femmes (en excluant les fonctions support).

Aux États-Unis, **56 %** des femmes occupant des postes techniques dans le secteur du numérique quittent leur emploi en milieu de carrière. C'est deux fois plus que les hommes.

3 femmes seulement ont remporté le prix Turing entre 1966 et 2017.

70 % des photos des bases de données utilisées pour entraîner les algorithmes associent activités de shopping et de ménage à des femmes.

2 fois plus de pronoms masculins que de pronoms féminins dans le corpus de texte d'apprentissage de Google Translate en 2017.

À 6 ans, les petites filles s'éloignent déjà des jeux présentés comme étant destinés à des enfants « très très intelligents ».

13 % des pays ont adopté des législations demandant explicitement des études de genre spécialisées.

6 milliards d'objets connectés en circulation depuis 2018.

50 ans : c'est la durée qu'il a fallu pour que les six programmeuses de l'ENIAC (un des premiers ordinateurs) sortent de l'ombre.

26 % : c'est le pourcentage d'images de femmes qui apparaissent lorsqu'on cherche « *writer* » dans Google image. Pourtant, 56 % des écrivain·e·s sont des femmes.

40 % d'étudiantes dans le numérique d'ici 2020 : c'est l'objectif fixé par le rapport Villani sur l'intelligence artificielle.

17 % : c'est le pourcentage de biographies de femmes sur l'encyclopédie collaborative Wikipédia France en 2018.

Quiz

1. Quel est le pourcentage de jeunes femmes choisissant la spécialité informatique en terminale S en France ?

a. 4 % **b.** 12 % **c.** 24 % **d.** 36 %

2. La plateforme de publicité ciblée de Google proposait de façon automatique des emplois à des hommes et des femmes.
En 2015, les rémunérations étaient :

a. Identiques pour les hommes et les femmes
b. Plus élevées pour les hommes
c. Plus élevées pour les femmes

3. Laquelle de ces femmes est une grande pionnière de l'informatique ?

a. Rosa Parks
b. Marie Curie
c. Olympe de Gouges
d. Grace Hopper

4. Quel facteur n'influence pas le choix de commencer une carrière scientifique et son déroulement ?

a. Le syndrome de l'imposteur
b. L'autocensure
c. Le champ lexical d'une lettre de recommandation
d. La taille du cerveau

5. Quels sont les problèmes posés par les bases de données qui sont utilisées aujourd'hui pour entraîner des algorithmes ?

a. Elles sont trop petites
b. Elles ne sont pas représentatives de la population
c. Leurs annotations sont biaisées
d. Aucun

6. Quelles étapes de la construction d'un algorithme peuvent être influencées par les biais inconscients du développeur.se ?

a. Le choix du corpus d'apprentissage
b. La traduction de l'objectif en langage informatique
c. L'optimisation
d. L'évaluation de l'algorithme

7. Quelle technique se développe pour lutter contre les biais des algorithmes ?

a. L'audit des algorithmes
b. L'interdiction de l'utilisation des algorithmes
c. Le développement de langages de programmation sans biais

8. Quelle loi française définit pour la première fois les principes de régulation des algorithmes ?

a. L'article 4 de la Constitution
b. La loi Informatiques et libertés de 1978
c. La loi de 1972 sur les discriminations

9. Qu'est-ce que le *gender data gap* ?

a. L'absence de participation des femmes à la création des corpus d'apprentissage des algorithmes
b. Les données qui documentent les écarts de salaires entre les hommes et les femmes
c. La différence du nombre de données disponibles sur les hommes et celles qui concernent les femmes

10. L'intelligence artificielle est-elle vouée à propager les discriminations ?

a. Oui, on ne contrôle rien
b. Je ne sais pas
c. Non, il existe de nombreuses solutions

Réponses :
1. a ; 2. b ; 3. d ; 4. d ; 5. b, c ; 6. a, b, c, d ; 7. a, b ; 8. b ; 9. c ; 10. c.

IMPRIM'VERT®

Imprimé en France par la Nouvelle Imprimerie LABALLERY à Clamecy
N° d'imprimeur : 812233 - Dépôt légal : mars 2019
N° d'édition : 41001555-01

Le **Laboratoire de l'Égalité** a été créé en 2010 pour obtenir la mise en œuvre effective de l'égalité de traitement entre les femmes et les hommes dans tous les secteurs de la vie économique et à tous les niveaux de décision. Il s'est fixé trois objectifs principaux : rassembler les acteurs et actrices de l'égalité professionnelle, élaborer des propositions d'action concrètes afin d'interpeller les décideurs et décideuses politiques et économiques, et sensibiliser le grand public aux questions d'égalité professionnelle et aux stéréotypes.

Le Laboratoire de l'Égalité regroupe plus de 1300 femmes et hommes, de différentes sensibilités politiques, exerçant des responsabilités dans la vie économique, sociale, universitaire, associative, syndicale, politique ou des médias.

www.laboratoiredelegalite.org

@Laboegalite @laboratoire.egalite